JN298943

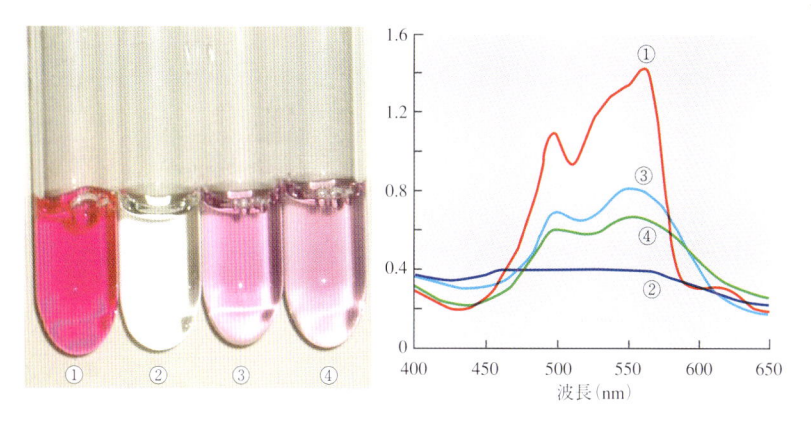

図1・6　フィコエリスリンの色戻り
①未処理　②100℃1分間　③100℃1分間処理後 pH4.0　④100℃3分間処理後 pH4.0

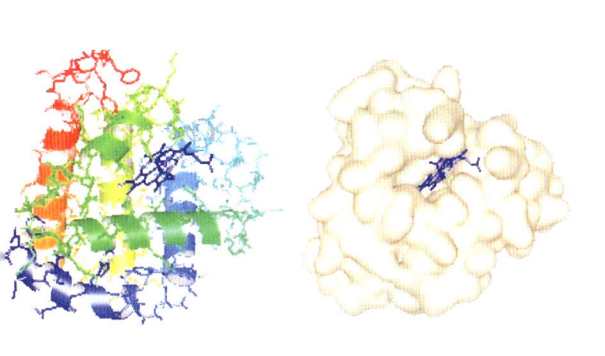

図2・1　キハダ・ミオグロビンの立体構造
左図では二次構造と側鎖を示す．右図は溶媒分子が接近可能な表面を示す．両図とも分子をほぼ同じ角度から見たもの．ヘムは濃紺で示す．
PDB ID：1MYT．

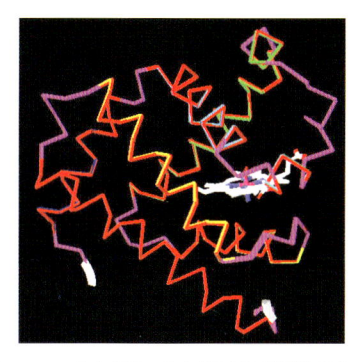

図2・3　マッコウクジラ・ミオグロビン誘導体の立体構造の重ね合わせ
還元型，酸素化型，メト型のタンパク質部分の骨格（主鎖）の構造はほとんど同じである．ヘム周辺に若干のずれが認められる．
PDB ID：1A6K, 1A6M, 1A6N.

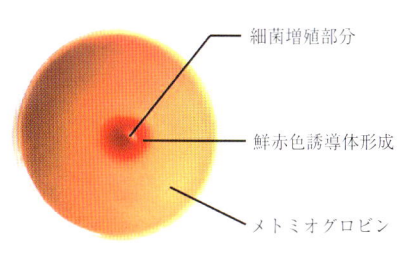

図3・4　Lactobacillus fermentum　JCM1173 を接種したメトミオグロビン添加寒天培地

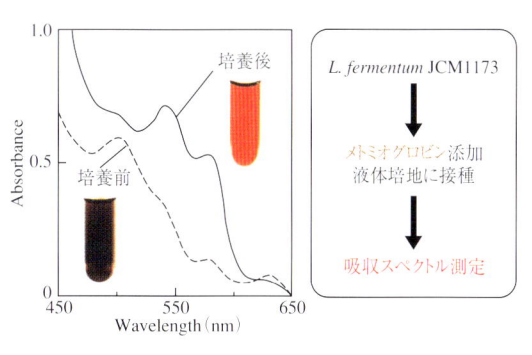

図3・5　液体培地（ミオグロビン）の吸収スペクトル変化

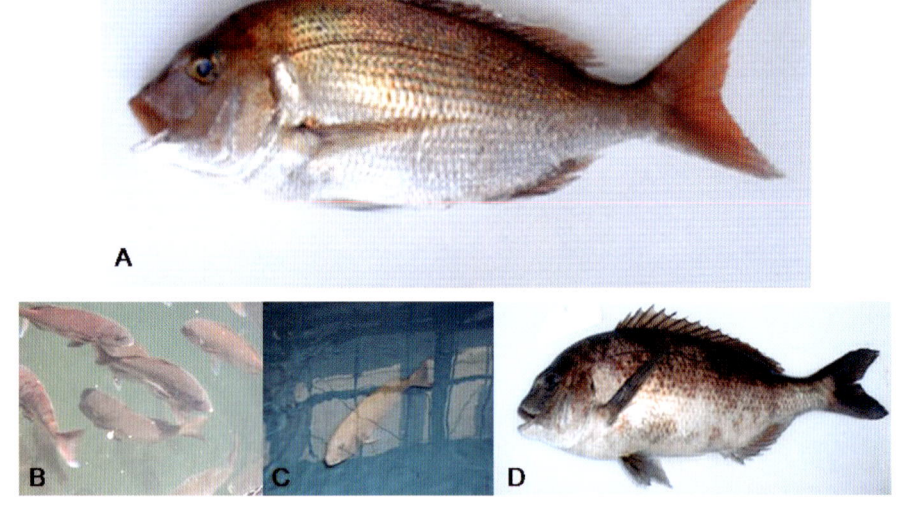

図6・1　マダイの変色．A：天然のマダイ（死後数時間経過してから撮影）．非常に鮮やかな色彩を呈する．B：太陽光に暴露した状態で生簀飼育したマダイ．C：Bのマダイを室内に移した直後．黒色素胞を収縮させているため体色は白っぽい．これを生簀に戻すとB．の状態に戻る．D：Bを〆た後，数時間放置した状態．黒色素胞は自然拡散しているため体色は黒っぽい．

図6・6　低温飼育とマダイの色彩
A．稚魚マダイを10℃（Low temp）および22℃（Cont）で2ヶ月間飼育しL*値を測定　B．冬季に出現する黄化マダイ（上）．原因は解明されていない．

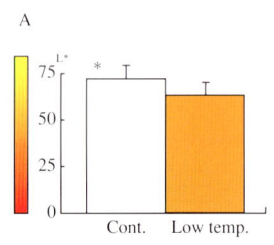

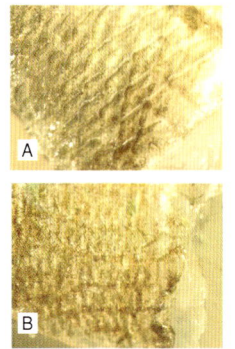

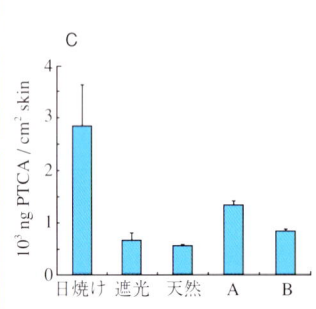

図6・7　大量死が発生したときのマダイ皮膚の顕微鏡写真とメラニン量
A．斃死したマダイ皮膚　B．同じ生簀で生存したマダイ　C．両者のメラニン量．対照として図6・4の結果を示した．

図6・8　産卵期に黒変する雄マダイ（上が雌，下が雄）．遮光飼育しても黒変する．

　　　窒素ガス置換包装品　　　　　　　　　空気包装品（非窒素ガス置換包装品）
図10・3　−20℃で2日間貯蔵後，5℃で1日間解凍したホッコクアカエビの開封直後の外観

図10・2 マグロの分割包装工程

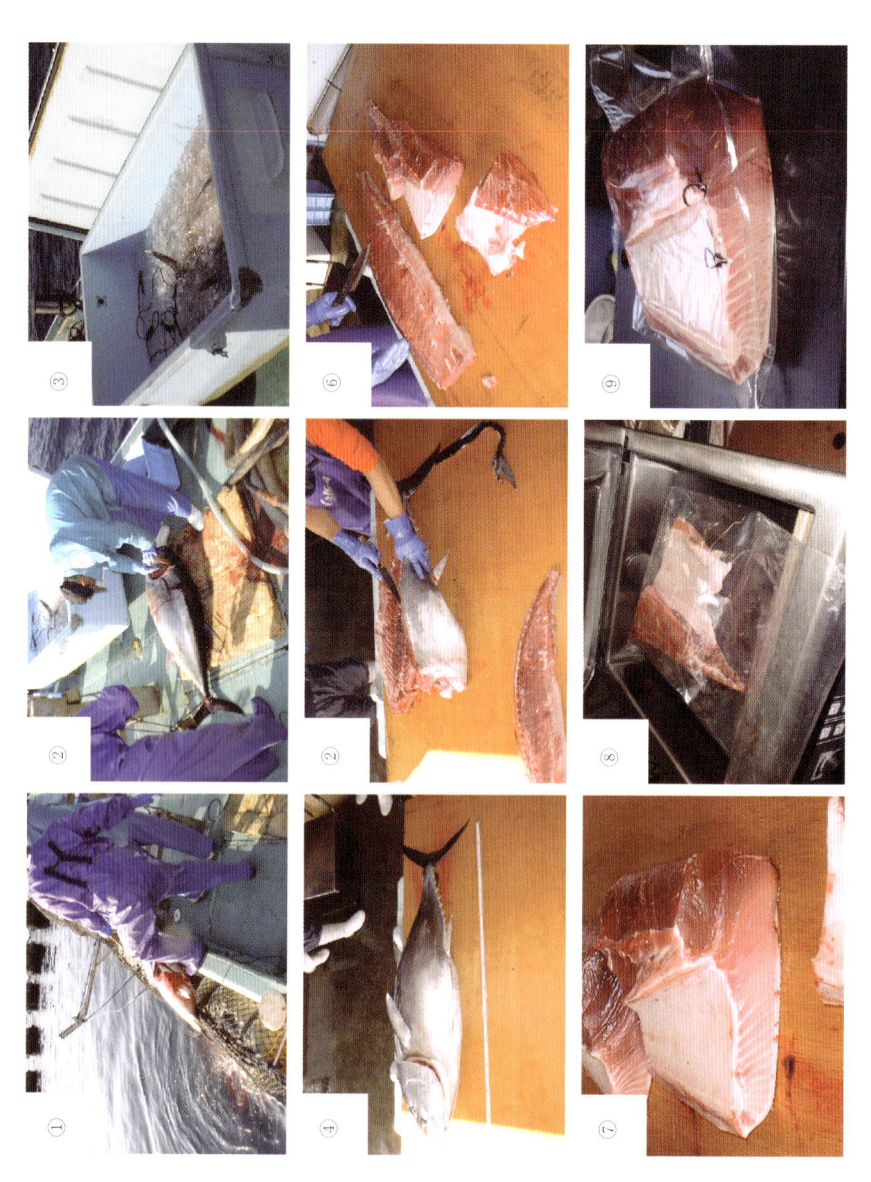

水産学シリーズ

158

日本水産学会監修

水産物の色素
――嗜好性と機能性

平田　孝・菅原達也　編

2008・4

恒星社厚生閣

まえがき

　水圏生物はカロテノイド，フラボノイド，プテリジン系色素，メラニン，インドール系色素，キノン系色素，オモクローム，テトラピロール系色素など極めて多様な色素を有している．これらの色素は水圏生物の生存のために様々な働きをしているに違いない．私たちは日常的に魚介類を摂取しているわけだが，これら色素は私たちの体に何の影響も与えないのであろうか．もちろん，タイの鮮やかな赤色は食欲を刺激し，嗜好性という重要な食品機能を有することは明らかである．しかし，色素が水圏生物の生存にとって，重要な役割を担っているのなら，私たちの体にも何からの作用を及ぼすのではないだろうか．

　近年これらの色素に抗炎症作用，抗がん作用などの栄養生理機能が見いだされ，大きな話題となっている．なかでもアスタキサンチン，フコキサンチンなどのカロテノイド類の血管新生抑制，抗肥満，免疫調整機能などには研究者，学生のみならず，機能性食品の開発担当者なども強い関心をもっており，その最新の情報が待ち望まれている．色素の研究は単に水圏生物中における存在量を測定したり，生合成・分解経路を明らかにしたりするだけでは不十分であり，ヒトにおける消化吸収，代謝，生理機能発現機構の解明も含めた総合的な研究の必要性が認識されるようになっているが，従来これらの視点からの研究は極めて乏しく，その必要性が強く指摘されている．

　また，呼吸色素タンパク質のメト化やメラニン生成による甲殻類の黒変は，単に外観の変化をもたらすだけでなく，変色中に，あるいは既存の変色防止技術の適用により，栄養機能性を低下させたり，活性酸素などの有害物資の生成を促したりすることが明らかにされつつある．したがって，食品の安心・安全の視点からもその機構を明らかにして対策を講じることが重要視されている．

　本書は水圏色素の中でも特に重要なテトラピロール色素，カロテノイド，メラニンについて，一層の研究進展と研究成果の利用に資するため，最新の研究

と成果の実用化事例についてまとめたものである.

  2008年3月

平 田   孝
菅 原 達 也

水産物の色素—嗜好性と機能性　目次

まえがき………………………………………………（平田　孝・菅原達也）

Ⅰ．テトラピロール色素タンパク質の化学と機能
1章　フィコビリタンパク質の機能
　　　　………………………………………（菅原達也）…………9
　　§1．構造（10）　§2．光増感作用（12）　§3．抗酸
　　化性（14）　§4．抗炎症作用（15）　§5．その他の機
　　能（16）

2章　魚類ミオグロビンの構造安定性
　　　―褐変抑制の観点から…………………………（落合芳博）…………19
　　§1．Mbの酸化と肉の褐変（19）　§2．褐変抑制の
　　試み（22）　§3．Mbの酸化と脂質酸化（24）
　　§4．魚類Mbの安定性に見られる種特異性（24）
　　§5．魚類Mbの不安定性の解明（27）

3章　肉色に及ぼす酵素の影響……………………（有原圭三）…………32
　　§1．筋肉のメトミオグロビン還元酵素系（32）
　　§2．微生物による色調制御法の開発（36）

Ⅱ．メラニン色素と魚介類の品質
4章　メラニン色素の化学…………（伊藤祥輔・若松一雅）…………41
　　§1．メラニンとは（42）　§2．メラニンの生合成過程
　　（43）　§3．混合型メラニン形成の過程（46）
　　§4．メラニンの性状の比較（49）　§5．メラニンの微
　　量分析（50）　§6．メラニン形成を支配する遺伝子（51）

5章　メラニン生成による甲殻類の黒変と品質
　　　　　　　　　……………………………（平田　孝・足立亨介）…………58
　　§1．メラニン生成の意義(58)　　§2．漁獲後のメラニン生成(59)　　§3．フェノールオキシダーゼとヘモシアニン(61)　　§4．ヘモシアニンによるメラニン生成(63)
　　§5．メラニン生成の促進機構(64)　　§6．ヘモシアニンの分布(65)　　§7．黒変の防止(66)

6章　養殖マダイのメラニン－その誘発因子と化学的定量
　　　　　　　　　……………………………（足立亨介・家戸敬太郎）…………70
　　§1．魚類のメラニンについて(72)　　§2．メラニンの生合成経路とユーメラニン・フェオメラニン(73)
　　§3．魚類を黒変させる要因について(73)　　§4．黒変機構解明のアプローチ(77)

Ⅲ．カロテノイド色素の生産と機能

7章　食品カロテノイドの吸収・代謝……（長尾昭彦）…………81
　　§1．食品カロテノイドの腸管吸収(82)　　§2．カロテノイドの代謝(86)

8章　カロテノイドと血管新生抑制………（松原主典）…………92
　　§1．血管新生(94)　　§2．血管新生抑制物質(95)
　　§3．血管新生抑制物質が有する生理機能(96)
　　§4．フコキサンチンの血管新生抑制作用(97)

9章　カロテノイドの生産と利用…………（山岡到保）…………103
　　§1．商業利用されているカロテノイドの含有生物材料(103)
　　§2．カロテノイドを生産する微生物の種類(104)
　　§3．ラビリンチュラによるカロテノイド生産(106)
　　§4．利用(111)

Ⅳ. 環境制御による魚介類の変色防止
10章 ガスバリア性材料を用いた環境制御包装による
　　　生鮮魚介の変色抑制
　　　　　　　　……………………（田中幹雄・綾木　毅・広瀬和彦）………116
　　　§1. マグロ肉の真空包装による変色抑制（117）
　　　§2. ホッコクアカエビのガス置換包装による変色抑制（121）

Pigments of marine products–palatability and functionality–

Edited by Takashi Hirata and Tatsuya Sugawara

Preface — Takashi Hirata and Tatsuya Sugawara

I. Chemistry and functions of tetrapyrrole pigment proteins
  1. Functions of phycobiliproteins — Tatsuya Sugawara
  2. Structural stability of fish myoglobin with reference to prevention of meat discoloration — Yoshihiro Ochiai
  3. Influence of enzymes on meat color — Keizo Arihara

II. Melanin pigment and its effects on quality of fish and shellfish
  4. Chemistry of melanin pigments — Shosuke Ito and Kazumasa Wakamatsu
  5. Postmortem blackening of crustaceans — Takashi Hirata and Kohsuke Adachi
  6. Melanogenesis in aquacultured fish-its inducing factor and chemical determination — Kohsuke Adachi and Keitaro Kato

III. Production and functions of carotenoids
  7. Absorption and metabolism of dietary carotenoids — Akihiko Nagao
  8. Antiangiogenic actvitiy of carotenoids — Kiminori Matsubara
  9. Production and utilization of carotenoids — Yukiho Yamaoka

IV. Prevention of fish discoloration by control of storage environment
  10. Control of color change in fresh seafood by modified atmosphere packaging with gas barrier materials — Mikio Tanaka, Tsuyoshi Ayaki and Kazuhiko Hirose

I. テトラピロール色素タンパク質の化学と機能

1章 フィコビリタンパク質の機能

菅 原 達 也[*]

　海藻には各種の光合成色素が含まれており，主要なものとしてはクロロフィルaがよく知られている．それ以外のクロロフィル類やカロテノイド，フィコビリタンパク質などは，光合成を効率的に行うためにクロロフィルaが吸収できない波長の光を吸収し，得られた励起エネルギーをクロロフィルaに渡す役割をもつことから補助色素と呼ばれている．なかでもフィコビリタンパク質は，水溶性の強力な補助色素として，藍藻や紅藻に特徴的に存在している．フィコビリタンパク質は，その吸収スペクトルから赤色のフィコエリスリン（極大吸収498, 540, 565 nm），青色のフィコシアニン（615〜620 nm），青藍色のアロフィコシアニン（620, 650 nm）の3種類に大別されている[1]．これらのフィコビリタンパク質が吸収した光エネルギーは，70〜90％の効率でクロロフィルaに渡されて，光合成のエネルギーとして利用される．フィコビリタンパク質は広範囲の励起光に対して，強い蛍光を発する蛍光色素でもある．この性質を利用して，抗体，レクチン，酵素などのタンパク質やDNAプローブなどの標識に用いられ，組織化学や機器分析（蛍光イムノアッセイ，フローサイトメトリーなど）などの生化学研究のツールとしても広く応用されている．

　われわれ日本人にとって身近な海藻の1つである海苔（スサビノリ，*Porphyra yezoensis*）は紅藻類に分類され，主要なフィコビリタンパク質としてフィコエリスリンを多く含む（乾燥藻体100 g当たり3〜5 g程度）．赤潮などによる海水中の栄養塩類の低下や地球温暖化による海水温上昇などの悪環境下で，スサビノリはいわゆる「色落ち」を起こすことがよく知られている．色落ちの原因の1つにフィコビリタンパク質やその他の光合成色素の減少があげられることから，栄養状態や環境変化によるスサビノリ中のフィコエリスリン含有量変

[*] 京都大学大学院農学研究科

化についてはよく研究されている．一方で，われわれ日本人は海藻を好んで食することから，フィコビリタンパク質を日常的に摂取しているものと推定される．しかしながら，フィコビリタンパク質の栄養機能あるいは食品機能に関する評価はあまりされていない．本章では，フィコビリタンパク質の機能性について，これまでに明らかとなってきている知見を紹介する．

§1. 構 造

藻体内のフィコビリタンパク質は，チラコイド線上に高度に会合した顆粒（フィコビリソーム）として配位し，光合成に寄与している．前述のように3種類に大別されているフィコビリタンパク質はともに酸性タンパク質であり，等電点は4.3付近である．フィコエリスリンはB-, R-, C-の3種，フィコシアニンはC-, R-の2種，アロフィコシアニンは1種にそれぞれ細分類されており，各種の藻類に分布している．なお，C-は藍藻（*Cyanobacteria*），R-は紅藻（*Rhodophyta*），B-はウシケノリ目（*Bangiales*）と，それぞれの起源を意味するが，現在はスペクトルの違いによって命名されている．表1·1に示したようにそれぞれのフィコビリタンパク質は，αとβのサブユニットを有しており，フィコエリスリンにはさらにγサブユニットが存在する[2]．

フィコビリタンパク質の構造上の大きな特徴の1つとして，色素成分であるテトラピロール環構造を有したクロモフォア（発色団）がタンパク質に共有結

表1·1 フィコビリタンパク質の特徴

	サブユニット構造	分子量	クロモフォア（数字は結合している分子数）	吸収極大 (nm)
R-フィコエリスリン	$(\alpha\beta)_6\gamma$	68,000〜290,000	フィコエリスロビリン (25) フィコウロビリン (9-10)	498, 540, 565
C-フィコエリスリン	$(\alpha\beta)_6$	226,000	フィコエリスロビリン (30)	565
B-フィコエリスリン	$(\alpha\beta)_6\gamma$	268,000〜290,000	フィコエリスロビリン (32) フィコウロビリン (2)	495, 545, 565
R-フィコシアニン	$(\alpha\beta)_3$	96,000〜134,000	フィコシアノビリン (6) フィコエリスロビリン (3)	553, 615
C-フィコシアニン	$(\alpha\beta)_3$	96,000〜134,000	フィコシアノビリン (9)	615
アロフィコシアニン	$(\alpha\beta)_3$	92,000〜105,000	フィコシアノビリン (6)	650

合している(図1・1).テトラピロール化合物は,例えば動物の胆汁色素であるビリルビンなどのように,生体内物質として数多く存在している.これらは分子内に二重結合が多数共役しているため,可視光を吸収して特有の色を示す

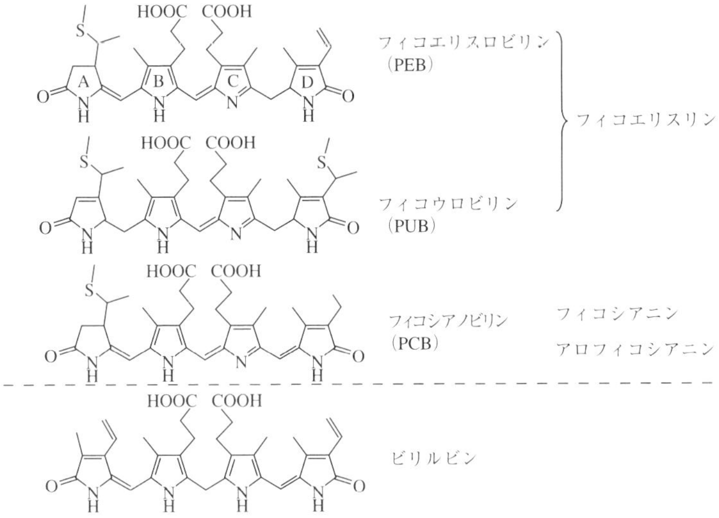

図1・1 フィコビリンの化学構造

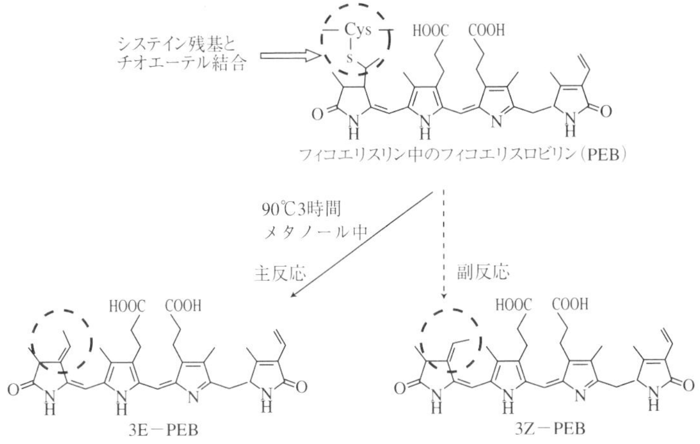

図1・2 メタノリシスによるフィコエリスロビリンの遊離

ものが多く，フィコビリタンパク質もテトラピロール化合物の性質によって，特有の色調を示している．フィコビリタンパク質とクロモフォアの主な組み合わせとして，フィコエリスリンにはフィコエリスロビリンとフィコウロビリンが，フィコシアニンとアロフィコシアニンにはフィコシアノビリンがそれぞれ結合している（表1・1，図1・1）．これらのクロモフォアとアポタンパク質の結合様式は多様であるが，主にA環がシステイン残基とチオエーテル結合しており，C環がセリン残基とエステル結合している．フィコウロビリンではさらにD環もチオエーテル結合している．これらのクロモフォアは，メタノール中で90℃3時間程度の加熱処理（メタノリシス）を行うことで，タンパク質から遊離させることができる（図1・2）[3]．

§2．光増感作用

現在，乾海苔の製造工程において，工業的に人口熱風によって乾燥させている．しかしながら，伝統的な天日干しの方がより良好な風味を有するともいわれている．その原因の1つとして，光照射の有無による不飽和脂肪酸の光増感酸化物の生成の影響が推測される．乾海苔の主要な原料となるスサビノリの脂肪酸組成は，他の藻類と比べてもイコサペンタエン酸（EPA）の含有量が極めて高く，全脂肪酸の50％以上を占めている．したがって，光増感酸化に伴う一重項酸素の攻撃により，自動酸化では生成しないEPAヒドロペルオキシド異性体（6-および17-ヒドロペルオキシド）が生成し，これらの揮発性分解物（アルデヒド，ケトン，アルコールなど）が天日干しの乾海苔の風味に寄与している可能性が考えられる（図1・3）．スサビノリ藻体に含まれている化合物の中で，光増感剤として機能する最も代表的なものとしてクロロフィル*a*があげられるが，フィコエリスリンもまた光照射条件下では光増感剤としても働くことが報告されている[4]．実際に生の状態のスサビノリにフィルターを通した光を照射すると，クロロフィル*a*の励起波長光（図1・4Bのフィルターa透過光）のみならず，フィコエリスリンの励起波長光（図1・4BのフィルターB透過光）でも一重項酸素酸化によるEPA酸化物の生成が確認された（図1・4C）．このことから，光照射されたスサビノリ藻体において，フィコエリスリンは一重項酸素の産生に関与しており，海苔中のフィコエリスリン含有量は海苔製品の色調

に寄与するだけではなく，加工後の品質とくに風味にも影響を与えていることが推測される[5].

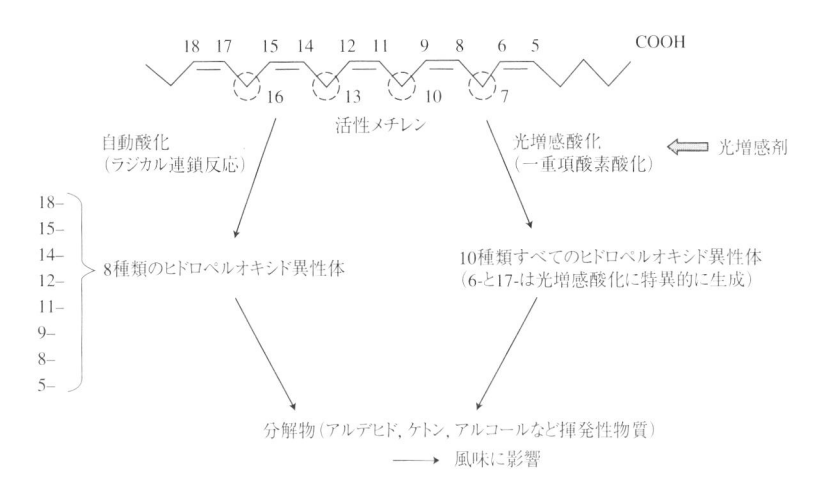

図1・3 EPAの自動酸化と一重項酸素酸化と乾海苔の風味

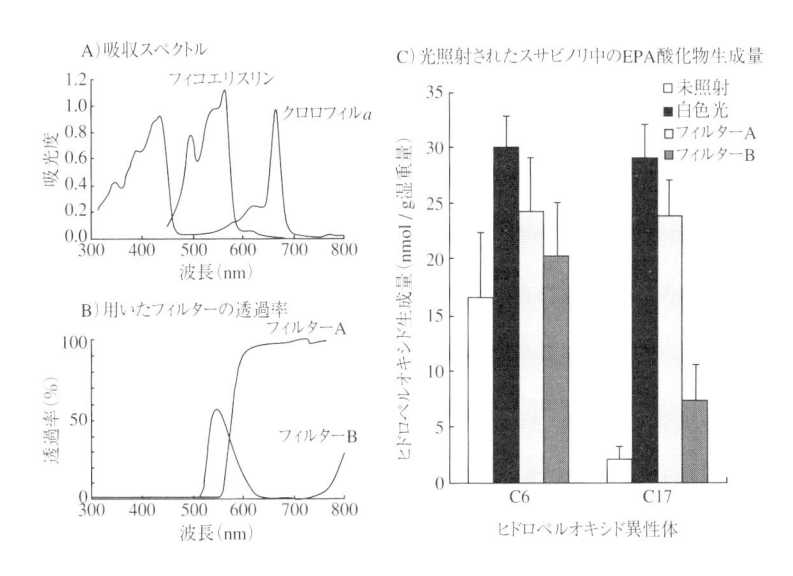

図1・4 フィコエリスリンによるEPAの一重項酸素酸化

§3. 抗酸化性

ヒト血液中に存在するビリルビンは強い抗酸化作用を有することが知られている[6]．前述のようにフィコビリタンパク質のクロモフォアであるフィコシアノビリンやフィコエリスロビリンはビリルビンと化学構造が類似していることから，フィコビリタンパク質も抗酸化作用を有することが予想される．

実際に藍藻由来のフィコシアニンとフィコシアノビリンについて，抗酸化作用が示されている[7, 8]．さらに肝障害モデル実験によく用いられている四塩化炭素投与ラットの肝臓脂質酸化をフィコシアニンの投与が有意に抑制できることから，経口摂取された際に生体内でも抗酸化作用を発揮することが期待される[9]．このようなフィコシアニンの抗酸化作用は，クロモフォアの部分（ビリン）がラジカル補足作用を示すものと考えられている．実験条件にもよるが，図1・5のようにフィコシアノビリンは，生体における最も一般的な抗酸化剤であるα-トコフェロールよりも強い抗酸化活性を示すことも報告されている[10, 11]．

一方，紅藻由来のフィコエリスリンもフィコシアニンと同様に抗酸化活性を示す．フィコエリスリンは加熱処理によって色調が消失するが，pHを低下させると赤色の色調が戻ることが海苔の色戻り現象としてよく知られている（図1・6 カラー口絵）．フィコエリスリンの抗酸化活性も熱処理によって消失する

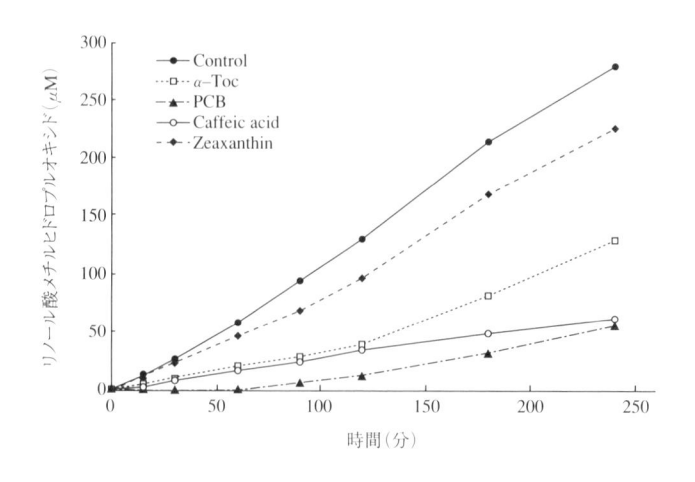

図1・5 フィコシアノビリンの抗酸化作用

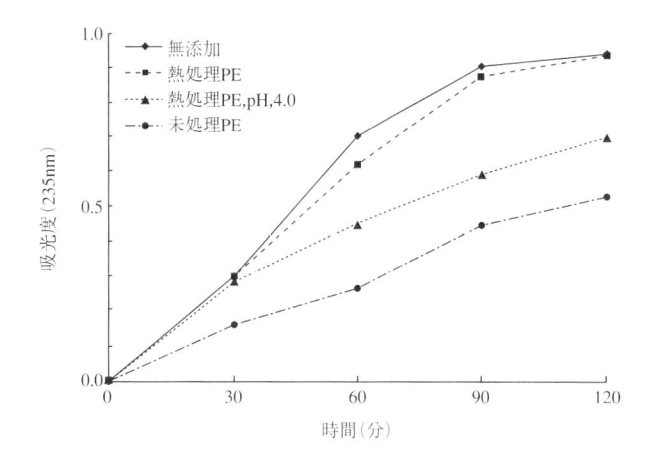

図1・7　フィコエリスリン色戻り後の抗酸化作用の変化

が，pHを低下させたときの色戻りによって，加熱処理前ほどではないものの抗酸化活性が復活する（図1・7）．フィコエリスリンの色調と抗酸化活性が相関しているようであるが，詳細な機構についてはよくわかっていない．

§4. 抗炎症作用

食物アレルギーや花粉症といったアレルギー疾患（Ⅰ型アレルギーと呼ばれる）は近年急増しており，社会問題となっている．Ⅰ型アレルギーの炎症には，肥満細胞が重要な役割を担っている．免疫担当細胞である肥満細胞は，細胞内に顆粒を蓄積しており，抗原刺激によりこの顆粒を細胞外に放出する（脱顆粒反応）．顆粒の中にはヒスタミンなどの炎症性化学伝達物質が含まれており，これらが周辺組織に作用し，炎症反応を引き起こす（図1・8）．いわゆる抗炎症剤としてよく用いられているものには，ヒスタミンの作用を抑制するもの（抗ヒスタミン剤）などが有名である．フィコエリスリンおよびその色素成分であるフィコエリスロビリンは，培養細胞を用いた実験で肥満細胞の脱顆粒反応を有意に抑制した（図1・9）．フィコエリスリンを経口摂取させたラットの腹腔内浸潤細胞（肥満細胞が含まれている）を用いた実験でもほぼ同様の傾向を示すことから，フィコエリスリンの抗炎症作用が期待される．

また，炎症モデル動物実験によって，フィコシアニンの抗炎症作用も報告さ

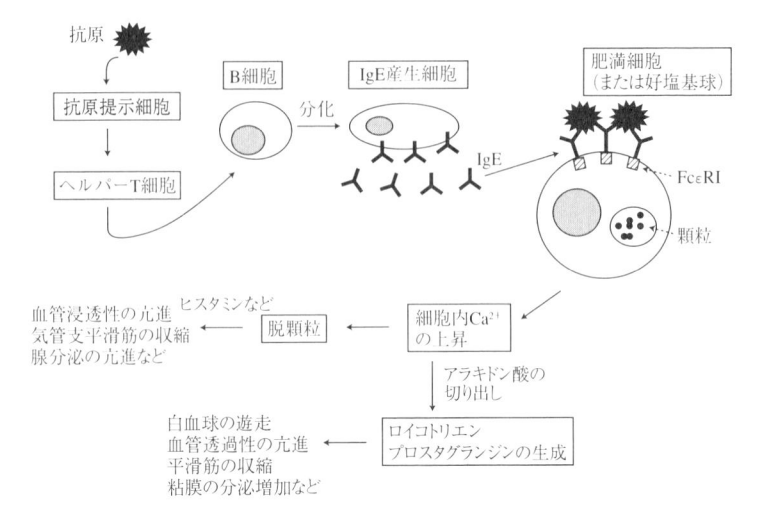

図1・8　Ⅰ型アレルギーの炎症惹起機構

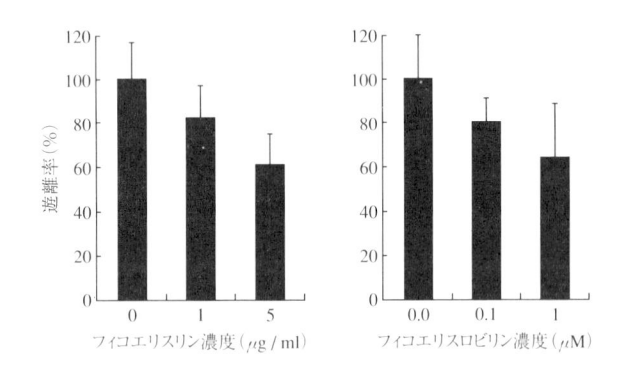

図1・9　フィコエリスリンとフィコエリスロビリンによる脱顆粒抑制

れている[12]．フィコシアニンはシクロオキシゲナーゼ-2 を選択的に阻害することで，炎症性のエイコサノイドであるプロスタグランジン E_2 の産生を抑制し，炎症抑制作用を示すものと考えられる[13]．

§5．その他の機能

ラットやマウスを用いた動物実験において，シュウ酸塩誘発腎臓障害[14]やカイニン酸誘発海馬ニューロン障害[15]に対して，フィコシアニンの経口投与によ

る抑制効果が報告されている．これらの効果は前述したように（3項）フィコシアニンの抗酸化作用によるものと考えられる．さらにこれら以外の機能性としては，白血病細胞に対するアポトーシス誘導[16]，マウスのパイエル板および腸間膜リンパ節におけるIgA分泌促進作用[17]，コレステロールの消化管吸収抑制作用[18]なども報告されている．これらの結果から，サプリメントとして用いられている藍藻スピルリナ（*Spirulina platensis*）に期待されている健康機能の一部は，フィコシアニンによって発揮される可能性も考えられる．一方で，紅藻由来フィコエリスリンの機能性に関する報告はあまり見当たらない．古くから海苔は健康よいと考えられていることから，未解明のフィコエリスリンの機能性が明らかとなれば，水産資源の有効利用の面からも興味深いものと思われる．

　フィコビリタンパク質の生体に及ぼす機能性を知る上で，消化管吸収機構を理解することは極めて重要である．本章でも紹介してきたように，フィコビリタンパク質を経口摂取したときの様々な効果が報告されていることからも，何らかの形で消化・吸収の過程を経て生体内に取り込まれ，効果を発揮するものと推測される．しかしながら，これまでにフィコビリタンパク質の消化管吸収機構に関する知見はほとんどない．テトラピロール化合物であるクロモフォアの部分がフィコビリタンパク質の活性本体であることも予想されるが，消化の過程でクロモフォアが遊離されるか否かなど不明な部分が多く，今後の研究課題である．

文　献

1） 野田宏行：フィコビリン，水産利用化学（鴻巣章二・橋本周久編），恒星社厚生閣，1992，pp.320-325.

2） W. Rüdiger : Phycobiliproteins and phycobilins, *Prog. Phycol. Res.*, 10, 97-135 (1994).

3） S.D. Killilea, P.O'carra, and R.F. Murphy : Structures and apoprotein linkages of phycoerythrobilin and phycocyanobilin, *Biochem. J.*, 187, 311-320 (1980).

4） S. P. Zhang, J. Q. Zhao, and L. J. Jiang: Photosensitized formation of singlet oxygen by phycobiliproteins in neutral aqueous solutions, *Free Radic. Res.*, 33, 489-496 (2000).

5） T. Sugawara, Y. Komura, H. Hagino, and T. Hirata: Phycoerythrin contributes to the photooxidation of eicosapentaenoic acid in *Porphyra yezoensis* during light exposure, *J. Food Sci.*, 71, S486-S491 (2006).

6） R.Stocker, Y.Yamamoto, A.F. Mcdonagh,

A. N. Glazer, and B. N. Ames: Bilirubin is an antioxidant of possible physiological importance, *Science*, 235, 1043-1046 (1987).

7) C. Romay, J. Armesto, D. Remirez, R. González, N. Ledon, and I. Garcia: Antioxidant and anti-inflammatory properties of C-phycocyanin from blue-green algae, *Inflamm. Res.* 47, 36-41 (1998).

8) E. A. Lissi, M. Pizarro, A. Aspee, and C. Romay: Kinetics of phycocyanine bilin groups destruction by peroxyl radicals, *Free Radic. Biol. Med.*, 28, 1051-1055 (2000).

9) V. B. Bhat and K. M. Madyastha: C-phycocyanin: A potent peroxyl radical scavenger in vivo and in vitro, *Biochem. Biophys. Res. Commun.*, 275, 20-25 (2000).

10) T. Hirata, M. Tanaka, M. Ooike, T. Tsunomura, and M. Sakaguchi: Radical scavenging activities of phycocyanobilin prepared from a cyanobacterium, *Spirulina platensis, Fish. Sci.*, 65, 971-972 (1999).

11) T.Hirata, M.Tanaka, M.Ooike, T. Tsunomura, and M. Sakaguchi: Antioxidant activities of phycocyanobilin prepared from *Spirulina platensis, J. Appl. Phycol.*, 12, 435-439 (2000).

12) C. Romay, N. Ledón, and R. González: Further studies on anti-inflammatory activity of phycocyanin in some animal models of inflammation, *Inflamm. Res.*, 47, 334-338 (1998).

13) C. M. Reddy, V. B. Bhat, G. Kiranmai, M. N. Reddy, P. Reddanna, and K. M. Madyastha : Selective inhibition of cyclooxygenase-2 by C-phycocyanin, a biliprotein from *Spirulina platensis, Biochem. Biophys. Res. Commun.*, 277, 599-603 (2000).

14) S. M. Farooq, D. Asokan, R. Sakthivel, P. Kalaiselvi, and P. Varalakshmi: Salubrious effect of C-phycocyanin against oxalate-mediated renal cell injury, *Clin. Chim. Acta*, 348, 199-205 (2004).

15) V. Rimbau, A. Camins, C. Romay, R. Gonzalez, and M. Pallas: Protective effects of C-phycocyanin against kainic acid-induced neuronal damage in rat hippocampus, *Neurosci. Lett.*, 276, 75-78 (1999).

16) J. Subhashini, S. V. K. Mahipal, M. C. Reddy, M. Mallikarjuna Reddy, A. Rachamallu, and P. Reddanna: Molecular mechanisms in C-Phycocyanin induced apoptosis in human chronic myeloid leukemia cell line-K562, *Biochem. Pharmacol.*, 68, 453-462 (2004).

17) C. Nemoto-Kawamura, T. Hirahashi, T. Nagai, H. Yamada, T. Katoh, and O. Hayashi: Phycocyanin enhances secretary IgA antibody response and suppresses allergic IgE antibody response in mice immunized with antigen-entrapped biodegradable microparticles, *J. Nutr. Sci. Vitaminol.*, 50, 129-136 (2004).

18) S. Nagaoka, K. Shimizu, H. Kaneko, F. Shibayama, K. Morikawa, Y. Kanamaru, A. Otsuka, T. Hirahashi, and T. Kato: A novel protein C-phycocyanin plays a crucial role in the hypocholesterolemic action of *Spirulina platensis* concentrate in rats, *J. Nutr.*, 135, 2425-2430 (2005).

2章 魚類ミオグロビンの構造安定性
－褐変抑制の観点から

落 合 芳 博*

　脊椎動物の骨格筋や心筋の赤い色調は，筋肉細胞の細胞質に含まれるミオグロビン（myoglobin, Mb）という色素（ヘム）タンパク質に由来する．Mbは分子量15,000～17,000，等電点は8～9，球状かつ水溶性タンパク質で，1分子当たり1つのヘムを含む（図2・1　カラー口絵）．Mbはモノマーとして，筋肉細胞内の酸素の貯蔵，供給の役割を果たす．同じスーパーファミリーに属する血色素ヘモグロビン（hemoglobin, Hb）は，Mbによく似たサブユニットの4量体であり，赤血球内にあって酸素の運搬などを行う．Hbも，とくに脱血が不十分な場合には筋肉の赤い色調発現に関与する．本章では，マグロ肉の色調保持に関わる研究の流れを整理するとともに，とくにマグロ類筋肉の褐変抑制の観点から，色素の主成分Mbの性状，なかでもその構造安定性について取りまとめる．さらに，最近の生化学的および分子生物学的なアプローチにより明らかにされた魚類Mbの新たなプロフィールについても紹介する．

§1. Mbの酸化と肉の褐変

　Mbはマグロ類や海産哺乳類では速筋（普通筋）にも多く含まれるが，南極地方の海域に棲む魚類には，ヘムタンパク質をほとんどもたない種類も存在する[1,2]．筋肉中のMb含量はクロマグロ普通筋および血合筋でそれぞれ490～590 mgおよび約4,000 mg/100 gに及ぶが，肉色の赤味の程度と概ね相関する．海

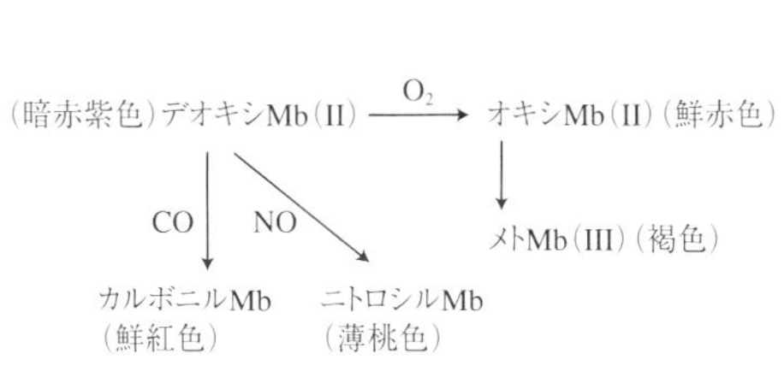

（暗赤紫色）デオキシMb(II) $\xrightarrow{O_2}$ オキシMb(II)（鮮赤色）
　　　　　　　　　　　↓
CO　　NO　　　　　メトMb(III)（褐色）
↓　　　↓
カルボニルMb　ニトロシルMb
（鮮紅色）　　（薄桃色）

図2・2　ミオグロビン誘導体の関係．括弧内はヘム鉄の酸化状態を示す．

* 東京大学大学院農学生命科学研究科

産哺乳類ではさらに含量は高く，なかでも潜水活動を行う種類には著しく多く，イッカクのように100 g 当たり8 g 近い値を示す例が知られている[3]．Mb にはヘム鉄の酸化状態の違いなどにより，さまざまな誘導体が存在する（図2・2）．生体内では酸素の可逆的脱着によりデオキシ（還元型）とオキシ（酸素化型）を往復し，酸素は主としてミトコンドリアへ供給され，不足した分はHb からMb に受け渡される．ヘム鉄が酸化，すなわちⅡ価からⅢ価になったものがメト型である．Mb 含量の高い筋肉ほどメト化による褐変が顕著である．マッコウクジラMb では還元型，オキシ型およびメト型の結晶構造が明らかにされているが，タンパク質部分の構造には大きな違いは認められず，ほとんど重なり合う（図2・3　カラー口絵）．還元型とオキシ型は酸素の存在下，NOと反応してメト型と硝酸イオンを生じ[4]，結果的にシトクロム酸化酵素が保護されると考えられる．生体内で生じたメト型は還元系により還元型に戻されるが[5]，死後の筋肉ではこの系が機能せず，不可逆的にメト型が増加する．この酵素作用を肉色保持に利用しようという試みもなされてきたが，実用化には至っていない．一方，メトMb の還元にはミトコンドリアの電子伝達系が関与しているが，やはり死後の時間経過とともに機能しなくなるという[6]．

　サバ科魚類から精製したMb を用いたモデル実験の結果，メト化の進行はタンパク質（グロビン）部分の構造変化と密接な関係にあることが明らかにされた[7-9]．凍結・解凍に伴う肉中でのMb の構造変化は不溶化を伴うほどの大きな変化と考えられる．一般にメト化率は抽出可能なMb について測定するため，実際の値よりも低く見積もられる恐れがある．また，魚体が大きいほど，中心部の温度は冷凍や氷蔵にかかわらず，なかなか下がらないため，表層部は冷えても中心部に熱がこもることになる．このことは，魚体の部位により肉色の褐変速度が異なることを意味する．

　Mb のメト化（自動酸化）に影響を及ぼす要因は，他にも筋肉pH，塩濃度，各種添加物など多岐にわたる．さらに，自動酸化が促進される条件下ではMb の凝集（不溶化）も速やかに進行すること，Mb が最も安定化される（自動酸化が抑制される）のは弱酸性域（pH6.3付近）であること，なども明らかにされた[8]．最近の示差走査熱量分析（DSC）による研究においても，Mb の熱安定性が最も高くなるのはpH6.5付近であることが確認された（図2・4）[10]．マグ

ロ類の筋肉pHは死後，5.5付近にまで低下するため，ある程度鮮度のよい状態でマグロを凍結した方が，褐変の抑制に有効であることを示唆している．ただし，鮮度がよい魚体を凍結すると，筋肉中にATPが残存しているため解凍時に硬直を起こす可能性が高い．しかし，Mbに関しては肉が新鮮であるほど，その分子構造は保持されていると考えられる．したがって，ごく新鮮な魚体を急速凍結した後，解凍硬直を防ぐ条件，方法が確立されればマグロ類の品質管

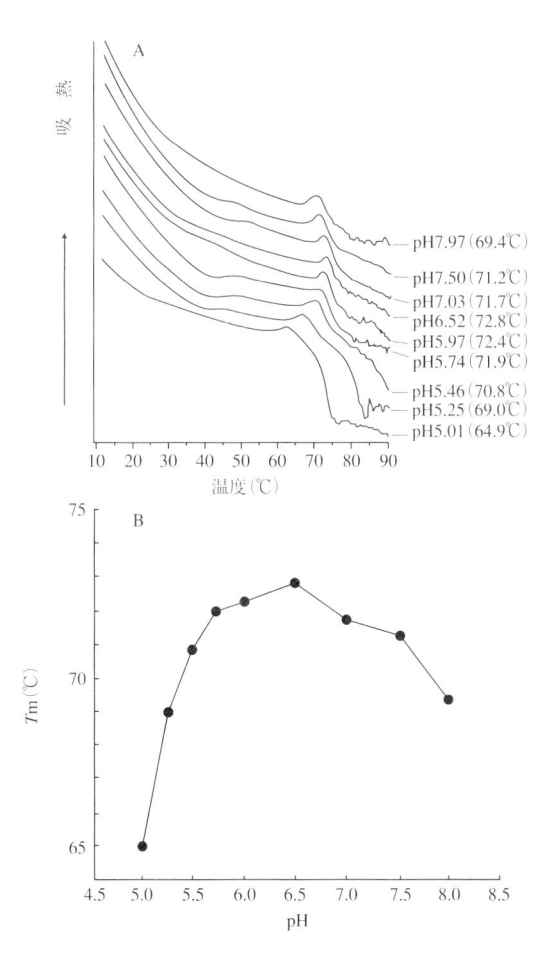

図2・4 ソウダガツオ・ミオグロビンのpH依存的な熱安定性の変化．
A：各pHにおける示差走査熱量分析における吸熱ピーク（括弧内は転移温度）．
B：pHに対して転移温度をプロットしたもの．

理においては理想的である．

　関連して，魚体中心部の筋肉が白っぽく変色し粘性を失う，いわゆる「ヤケ肉」発生の分子機構や防止法はよくわかっておらず，マグロ漁業における損耗分は無視できない．海水温が高い時期に多発するとされるが，水温が低い場合でも魚が暴れたり，釣り上げまでに時間がかかると起こりやすいという．ただ，即殺や電気ショックにより魚の苦悶を防いだり，温度を下げた海水中で保持する（体内の血液循環を保つ）ことにより魚体中心部を冷却すると抑制されるので[11]，過剰な体熱発生が要因の1つであることは間違いなさそうである．これは，即殺して血流を止めてしまったり，脱血をすることにより事態が悪化することを示唆するものである．もう1つの原因は筋肉pHの低下であるが，これはグリコーゲンが嫌気的に代謝されて乳酸を生じることと，ATPが順次分解して無機リン酸を生じることによる．ヤケ肉の原因究明には，発生に至る温度（体温）およびpHの境界を明確にするだけでなく，他の成分の消長についても詳細に検討する必要があろう．

　一般に問題とされるのは生肉の褐変であるが，他にもいくつか利用加工上の問題が知られている．かつて冷凍貯蔵中のカジキ類に発生が見られた緑変現象は，鮮度低下に伴い繁殖した微生物が硫化水素を発生し，これがヘム色素と反応して緑色色素を生成することが原因とされた．しかし，鮮度保持技術の進歩によりほとんど見られなくなったという．一方，マグロ肉の加熱時に発生することがある青肉はトリメチルアミンオキサイド（TMAO）とMbとの反応が原因とされ，TMAO含量の測定により青肉の発生が予測できるとされる．また，カツオ節でみられる「しらた」はヘムによる脂質酸化促進が原因と特定された．Mbを多く含む筋肉を練り製品として用いる場合，製品の白度を上げるために，アルカリ晒しなどによりMbをあらかじめ除いておくと効果的である[12]．

§2. 褐変抑制の試み

　Mbのメト化は環境温度，酸素分圧，pHなどの影響を大きく受ける．低温に保管したマグロ肉では褐変が遅延することは古くから経験的に知られていた．マグロ類の肉色の変化を抑制するには，できるだけ低温で保管することが有効である．田中らは，船内凍結マグロの陸上保管中におけるT.T.T.（温度別

品質保証期間) は－40℃ではキハダやミナミマグロで6ヶ月以上，メバチで17ヶ月以上としている（セミドレス状態で貯蔵し，メト化率を基準に判定)[13]．一般には魚体をそのままか解体後，－60℃程度の超低温管理下において褐変の進行を抑制している．これはMbの構造変化を抑制していることにほかならない．そのほか，メト型は－7～－3℃で最も生じやすく，－35℃以下ではほぼ抑制されることが明らかにされている．一方，凍結する時点の魚肉の鮮度も重要であり，鮮度低下により筋肉pHが低下した場合，褐変が促進される．

そのほか，魚体の内部温度の変化に配慮した均温凍結，均温解凍，O_2濃度を上げるか下げるかして充塡する方法の有効性が認められている[14]．放射線照射では復色効果がみられるが，特有の臭気の発生を伴う．かつて，マグロ肉を真空包装するとMbのP_{50}値（Mbの半分が酸素で飽和する酸素分圧）に相当する肉の内部が褐変する（メトリングを生成する）といわれたが，鮮度のよいものについてはこれが当てはまらないことがわかってきた．

肉牛では，死後の肉色変化を抑えるために，飼料にビタミンEを添加して効果をあげている[15]．ビタミンCやグルタチオンも有効とされる．グルタチオンはMb自体に対してはメト化促進作用を示し，この反応はEDTAやカタラーゼにより抑制される．牛肉中ではグルタチオンがメト化抑制作用を示すことから，易熱性高分子成分の関与が示唆されている[16]．魚類の場合でも最近は，ブリなどで抗酸化ビタミンなどを含む飼料の開発例が見られ，とくに血合肉の色調保持に効果をあげている．抗酸化ビタミンなどの投与による肉色保持は養殖や蓄養のマグロについても検討する価値がある．

一方，一酸化炭素（CO）処理によりMbをカルボニル型（carbonylMb）に誘導して（図2・2），肉色を鮮赤色に固定する事例が国外で散見される[1, 17]．CO処理したものでは5℃で1週間貯蔵しても鮮やかな赤色を保つ[18]．この行為は鮮度を偽装するばかりでなく，肉に残留するCOは人体に有害であり，許されることではない．国内でも「COマグロ」が問題になったことがある．わが国では，マグロとブリ（スモーク品を含む）につきCO残存量の基準値が1997年に制定された．EU，シンガポールなどでは使用が禁止され，アメリカは条件付使用，中国はマグロ類への使用を禁止している．一方，台湾では魚の8割にCOを使用し，刺身の3割に違法使用が認められ，ヒメダイの刺身にはほとん

どすべてに使用されていたという．

§3. Mbの酸化と脂質酸化

　脂質酸化は高温，光線（特に紫外線），銅・鉄などの金属イオン，高塩濃度，脂質酸化酵素のほか，ヘム色素の存在により促進される．Mbのメト化が脂質酸化を促進するのか，あるいは逆なのか，それとも共役するのかについては不明の部分が多い．関連した報告をいくつか紹介しておく．

　まず，ニジマスのヘムタンパク質については，pH6.3におけるMbの自動酸化速度はHbの3.5倍であること，Hbの方が脂質酸化を促進しやすいこと，離脱したヘムが脂質酸化を促進する主要な原因物質であること，ヘムの離脱はHbの方が速いこと，などが報告されている[19]．また，魚肉の凍結貯蔵中においては，変性したMbが筋原繊維タンパク質に結合して抽出率が低下すること，脂質酸化により生じるアルデヒドがこの変化を促進することが明らかにされている[20]．これは，抽出されたMbについて行われている従来のメト化率測定法が，必ずしも筋肉中のMb全体のメト化率を見ていないことを示唆する．一方，牛肉におけるオキシMbの酸化は，脂質酸化に伴う酸素の減少により誘発されることが示唆されている[21]．脂質酸化に伴うオキシMbの酸化についてブタとウシを比較すると，脂質酸化生成物のアルデヒド4-hydroxy-2-nonenalの攻撃を受けやすいヒスチジン残基が近位ヒスチジンも含めウシMbでは4ヶ所多く，脂質酸化による変色がウシにおいて顕著である原因とされた[22]．サブユニットどうしが会合しないようにアミノ酸配列を変えたHb変異体を用いた研究により，水さらし魚肉において進行する脂質酸化について，自動酸化よりもヘムの離脱の方が脂質酸化に対する影響が大きいこと，メトMbの方が還元型やオキシ型よりも脂質酸化を促進することが認められている[23]．

§4. 魚類Mbの安定性に見られる種特異性

　メバチ，クロマグロなど数種のサバ科魚類の血合筋からMbを単離精製し，円二色性（CD）分析およびDSCにより各々の構造安定性について検討を加えたところ，これら近縁魚種のMbにおいても明確な相違が認められた[24]．自動酸化速度のpHや温度に対する依存性からMbの安定性に種間差があるとの報

告は以前からなされていたが，熱力学的解析によりその事実が再確認された．調べたものの中では，カツオMbが最も安定性が高く（転移温度$T_m = 79.9℃$），ソウダガツオMbの安定性が最も低かった（$T_m = 75.0℃$）．メバチなどマグロ類のものは中間的な値（$T_m = 75.7〜78.2℃$）を示した．細かく見ると，マグロ類Mbの安定性はクロマグロ＞キハダ＞メバチの順であり，ヘム由来のSoret帯吸収を指標として変性における自由エネルギー変化を比較した結果と一致する[25]．222 nmにおける分子楕円率（αヘリックス含量）の温度依存性も，これらの魚種間における熱安定性の違いを裏付けた．他のタンパク質と同様に，哺乳類のMbに比べると，魚類のものは明確に安定性が劣る[26]．しかし，上記のマグロ類Mbの安定性の相違は，低温性のクロマグロMbで高い安定性を示すなど，必ずしも生息水温（体温）と相関してはいない．変温動物の生息温度とタンパク質の安定性は非常に高い相関を示すという「常識」からすると，Mbは例外的な部類かもしれない．

　二，三のマグロ類のMbのアミノ酸配列をcDNAクローニングにより演繹し，相互に配列の比較を行った[10, 24]．図2・5に示すように，サバ科魚類のMbのアミノ酸配列は互いによく似ている．魚類Mbはアミノ酸数が146〜147個と，哺乳類のものに比べ，数残基短い．Mbを含むグロビン・スーパーファミリーは進化速度が比較的大きなタンパク質群であり，アミノ酸配列の相同性も一般にあまり高くはない．しかし，各種Mbのアミノ酸配列の相同性は表2・1に示すとおり90％以上である．メバチMbを基準にすると，上に述べた最も安定なカツオ，最も不安定なソウダガツオとの差はわずか数個のアミノ酸の置換による．した

表2・1　ミオグロビンのアミノ酸配列の同一率

魚　種	同一率（％）
クロマグロ	100
キハダ	98.6
ビンチョウ	95.2
ハガツオ	89.1
マルソウダ	85.7
カツオ	85.0
マサバ	82.3
ウマ	45.6
ヒト	44.9
マッコウクジラ	42.9
アメフラシ	16.6

メバチ・ミオグロビンの配列に対する同一率を示した．アミノ酸配列のアクセッション番号：メバチ，AB104433；クロマグロ，AF291831；キハダ，AF291838；ビンナガ，AF291832；ハガツオ，AF291834；カツオ，AF291837；ソウダガツオ，AB154423；ウマ，P01288；ヒト，NM_005368；マッコウクジラ，J03566；アメフラシ，AB003277

```
                        A              B           C                    E
メバチ          ----MAD FDAVLKCWGPVEAD YTTIGGLVLTRLFKEH PETQKLF PKFAG-IAQADIAGNAA VSAHGATVLKKLGELLK--  73
クロマグロ      -----...................................-.........-...........................--  73
キハダ          -----.........M.........................-.........-...........................--  73
ソウダガツオ    -----.......FN.V..M..A....D...D.........-.........-...............AG.L....A...G..--  73
カツオ          -----.......L......A....FN.V...A..........-.........-...............TG-........A...--  73
マサバ          -----.......F.......DK..NM.........T......-.....D...-...............GLG.M.....I.........A.V..--  72
クロカワカジキ  -----...EM...H..........A.H.N.....T.......-.........-.....K....M.............I..........--  73
ウミカジカ      -----........M....M....A.H........T.......-..A......-...........................N..D....--  73
ゼブラフィッシュ -----...H.L.............AAN..E..N....Y.D.L.-.....S...-.S..G.L..SP..A............--  73
ミドリフグ      -----...G...M...........SAH..M.....T.N......-.........-.....V.-...SEL..............--  73
ホシザメ        -----V..WEK.NSV..SA....S..L..A...QNI..L...EQY..S.NH....-KN-KSLGELKDT.DIK.QAD....SA..NIV..--  72
アオウミガメ    -GLSDDEWNH...GI..AK......P..L.AH.QE..II....QL...ER..A...KNLTTIDALKSSEE..KK....T....TA...RI...--  77
マッコウクジラ  MVLSEGEWQL...HV.AK.....VAGH.QDI..I....S.....LEK.DR.KHLKTE..EMKASEDLKK...V...TA...AI...--  78
ウマ            -GLSDGEWQQ...NV...K......IAGH.QE....I....TG......LEK.D..KHLKTE..EMKASEDLKK....TV...TA...GI...--  77
ウシ            MGLSDGEWQL...NA..K.....VAGH.QE..I....TG......LEK.D..KHLKTE..EMKASEDLKK....N...TA...GI...--  78
ブタ            MGLSDGEWQL...NV..K.....VAGH.QE..I....TG......LEK.DR.KHLKSEDEMKASEDLKK...N...TA...GI...--  78
アジアゾウ      -GLSDGEWEL....T...K....IPGH..ET.FV...TG......LEK.D....KHLKTEGEMKASEDLKQ.....TA...GI...--  77
ニワトリ        -GLSDQEWQQ...TI...K....IAGH.HE...M....HD...LDR.D..K.LKTPDQMK..SEDLKK......TQ....KI...--  77
アメフラシ      MSLSA..EA.LAG..S..A..F.NKDAN.DAF.VA...EKF.DSANF.AD.K..-KSV.....KASPKLRDVSSRIFTR.N..FVNNA  79

                              F                    G                    H
メバチ          -AKGSHAA ILKPLANSH ATKHKIP INNFKLISEVLVKVMHEKAG--LDA GGQTALRNVMGIIIADLEANY KELGFSG  147
クロマグロ      -...................-..-..........................--............................  147
キハダ          -...................-..-..........................--............................  147
ソウダガツオ    -...N.....I.........-..-........T.A..H..Q..........--.A...........V.........T.  147
カツオ          -...........I.....KQ.-..-........T.A.AH.L.........--.A...........................  147
マサバ          -...N...G.I.........-..-.......A......T.II.........--...A.................VF...MD..  147
クロカワカジキ  -....I..M...........-..-.........K...E....IG......--..A....K...K...TT....I......T.  147
ウミカジカ      -.R.A....L.....SS...-..-.........I.....A.IG..E....--........AV....M..D..........TE  147
ゼブラフィッシュ -...D.....L......T...-..NI...VAL.....R..T.........--..A...G....R..DAV.G.IDGY...I..A.  147
ミドリフグ      -...N.......Q.......-..-.........A..IG...A........--..A..Q....IAT....ID.T....-  146
ホシザメ        -K...SQPV.A..AT..I...T....PHY..TK.TTIA..IA..MYPSEMN..QV..A..FSGAFK...CS..I.KE...AAN..Q.  148
アオウミガメ    -Q..NN.EQE....E........-VKYLEF.C.II...IA..HPSDFG..DS..A..MKKALELFRN..MASK....F..L.  153
マッコウクジラ  -K...H.E.E.......Q....-KYVEF....AIIH..L.SRHPGNFG..DS.A.MNKALELFRK..IA.K......YQ..  153
ウマ            -K...H.E.E.......Q....-KYLEF..DAIIH.L.S.HPGNFG.DA.MKKALELFRK..IA..K..........  153
ウシ            -K...H.E.EV.H..E......-VKYLEF..DAIH.L.HPSDFG..DA..A.MSKALELFRN..MA..Q....V...H.  154
ブタ            -K...H.E.E.T..........-VKYLEF...AIIQ..LQS.HPGDFG..DA..A.MSKALELFRN..MA..Q....H.  154
アジアゾウ      -K...H.E.EIQ....Q.....-KYLEF..DAIH.L.QS.HPAEFG.DS.A.MKKALELFRN..MA..Q....H.  153
ニワトリ        -Q...N.ESE.....QT.....-VKYLEF....II..IA..HAADFG.DS.A.MKKALELFRN..MASK......F..Q.  153
アメフラシ      ADA..KMS.M..SQF..KE..VG-FGVGSAQ..ENVRSMFPGFVASV..AP--P...ADA..WTKLF..L...DA..K..AG------  147
```

図2・5 ミオグロビンのアミノ酸配列
メバチMbと同じアミノ酸はドットで、ギャップはハイフンで示す．魚類Mbについてはαヘリックス部分を四角で囲んだ．保存性の高いヒスチジン残基を網掛けで示す．

がって，Mbの構造安定性の差に関わるアミノ酸残基はごく少数に限定されることが示唆された．自動酸化速度を指標とした組換え体Mbに関する検討でも，25℃において南極魚（0.44/時）＞マサバ（0.26）＞ゼブラフィッシュ（0.22）＞キハダ（0.088）と明らかな差が認められている[27]．

　食卓に上るマグロには数種類あり，生息水温，潜行深度など行動パターンを異にする．マグロ類の生態については近年のアーカイバルタグを用いた研究により詳細が明らかにされつつある[28]．マグロ類の体温は環境水温よりも10℃程度高く，漁獲後暴れると魚体中心部の温度はさらに上昇する．その体型のために魚体中心部の温度は制御しにくい．さらに，季節，漁場，漁獲法，個体差，

部位による差などが加味され，実際のマグロの品質制御法はかなり複雑なものになることは想像に難くない．

§5. 魚類Mbの不安定性の解明

先に述べたように，Mbの安定性を左右するアミノ酸残基は限定され，同定が容易であることが示唆された．そこで，メバチMbのアミノ酸配列をもとに，魚種間で異なるアミノ酸残基を置換した組換えタンパク質を大腸菌に過剰発現させ，αヘリックス含量やSoret帯吸収を指標とした比較を行った[29,30]．組換えタンパク質はタグ（GST）を切断，除去後，ヘミンの存在下で折りたたみを進行させた．一連の実験の結果，カツオMbではN末端から13番目にプロリンの代わりにアラニンをもつことで高い安定性を示し，ソウダガツオMbでは62番目がアラニンではなくグリシンであるため安定性が低いと考えられた．その他の箇所のアミノ酸置換によっても，メバチとキハダのMbの安定性の相違には57番目のアミノ酸が関与していることなどが示された．これらの結果は，魚類Mbの構造安定化は数ヶ所のアミノ酸置換により実現できることを意味する．安定な配列をもつMb，あるいは安定性が向上するようにデザインされたMb遺伝子をマグロ類に導入することにより，変色しにくい筋肉をもつマグロを作出することも，それが消費者に受け入れられるかどうかは別問題として，技術的には可能である．他方，サバ科魚類および変異体Mbの立体構造についてモデリングを行った結果，1つのアミノ酸置換がMb分子全体の構造に影響を及ぼしたり，部分的に同じ配列が異なるコンフォーメーションをとる可能性が示唆された*．一方，変異体を用いてアポミオグロビンの凝集を調べた研究により[31]，N末端付近の領域がアミロイド形成に関与することが示唆されている．Mb分子の折りたたみを追跡した研究により，疎水コアのイソロイシンをロイシンやバリンに置換すると，折りたたみ状態における熱安定性が低下することが認められている[32]．

Mb含量の高い食肉や魚肉の変色機構はおおむね解明されたが，その防止法

---

* 落合芳博・植木暢彦：魚類ミオグロビンの立体構造モデリングおよび構造安定性との関連づけ，平成19年度日本水産学会春季大会講演要旨集，p.133．

については確立されたとはいいがたい．モデル実験で得られた結果がそのまま複雑系の肉へ応用しにくいことが最大の問題点である．モデル実験を複雑化して肉中の変化をシミュレートする努力がなされることが望ましいが，肉片レベルでの実験，実証も重ね，色変の問題に決着をつけることが望まれる．しかし，脂肪ののり具合，魚体の大きさなど，個体差の影響，漁獲（漁法－延縄，一本釣り，巻き網，定置網），漁場の水温，漁獲時の生死状態や苦悶の程度，船上での取り扱い（締め方，脱血，解体），保冷条件（凍結速度，砕氷や冷水の使用の有無）など，配慮すべき項目は実に多岐にわたる．関連業者は経験を基に独自の鮮度保持法を編み出しているといわれており，こうした情報の発掘，集大成も有用だろう．一方，Mbを含めたヘムタンパク質に関する報告は膨大な数に上る．Mbはタンパク質の構造研究のモデルとしてよく用いられ，詳細な研究が行われてきた[33]．とくに，哺乳類，中でもクジラのMbに関する知見は集積しているが，魚類Mbについては十分な情報があるとは言いがたい．これらを統合して，有用な知見を整理していくことも重要な作業と考えられる．

　Mbの変性過程の熱力学的解析により，それぞれのMbの変性に必要な自由エネルギー量を求めることができるため，将来的にはマグロ肉の温度履歴や鮮度変化を把握することで，Mbの変性の程度を数値化したり肉の褐変速度を予測することが可能となろう．一方，エネルギー効率のよい冷凍法，品質低下を極力抑制する解凍法の開発も重要である．マグロ類の国内流通量が先細りしていく見通しの中で，肉の色変による損耗分を減らすための取り組みがますます重要性を帯びる．

　Mbの生理機能は長らく，脊椎動物の心筋や骨格筋における酸素の貯蔵・供給に限られてきた．しかし，NOの代謝に関わることが明らかにされたほか[4]，平滑筋やその他の非筋組織にも存在すること[34,35]，魚類においてアイソフォームが存在すること[35]，同じスーパーファミリー内にサイトグロビン（cytoglobin）やニューログロビン（neuroglobin）などの新タンパク質が発見されたこと[4]など，解明しつくされたかにみえたMbの研究は，近年になって予期しない方向へ急展開している．魚肉の褐変とその抑制についても全く新たな視点からの検討が功を奏するかもしれない．

文　献

1) 落合芳博：魚肉の変色のメカニズム，アクアネット，5，33-36（2004）．
2) B.D. Sidell and K.M. O'Brien: When bad things happen to good fish: the loss of hemoglobin and myoglobin expression in Antarctic icefishes, *J. Exp. Biol.*, 209, 1791-1802（2006）．
3) S.R. Noren and T.M. Williams: Body size and skeletal muscle myoglobin of cetaceans : adaptations for maximizing dive duration, *Comp. Biochem. Physiol. A*, 126, 181-191（2000）．
4) A.F. Riggs and T.A. Gorr: A globin in every cell?, *Proc. Natl. Acad. Sci. USA*, 103, 2469-2470（2006）．
5) D.J. Livingston, S.J. McLachlan, G.N. La Mar, and W.D. Brown: Myoglobin: cytochrome b_5 interactions and the kinetic mechanism of metmyoglobin reductase, *J. Biol. Chem.*, 260, 15699-15707（1985）．
6) J. Tang, C. Faustman, R.A. Mancini, M. Seyfert, and M.C. Hunt: Mitochondrial reduction of metmyoglobin: dependence on the electron transport chain, *J. Agric. Food Chem.*, 53, 5449-5455（2005）．
7) C.J. Chow, Y. Ochiai, S. Watabe, and K. Hashimoto: Autoxidation of bluefin tuna myoglobin associated with freezing and thawing, *J. Food Sci.*, 52, 589-591（1987）．
8) C. J. Chow, Y. Ochiai, S. Watabe, and K. Hashimoto : Reduced stability and accelerated autoxidation of tuna myoglobin in association with freezing and thawing, *J. Agric. Food Chem.*, 37, 1391-1395（1989）．
9) C. J. Chow, Y. Ochiai, and S. Watabe: Effect of frozen temperature on autoxidation and aggregation of bluefin tuna myoglobin in solution, *J. Food Biochem.*, 28, 123-134（2004）．
10) N. Ueki, C. J. Chow, and Y. Ochiai : Characterization of bullet tuna myoglobin with reference to the thermostability-structure relationship, *J. Agric. Food Chem.*, 53, 4968-4975（2005）．
11) 太田　格・中村勇次・石川貴宣・城間一仁・諸見里直子・加藤美奈子：マグロのヤケ発生状況およびヤケ防止法の検証，平成14年度沖縄県水産試験場事業報告書，35-42（2004）．
12) W. L. Chen, C. J. Chow, and Y. Ochiai: Effects of acid and alkaline reagents on the color and gel-forming ability of milkfish kamaboko, *Fish. Sci.*, 64, 160-163（1998）．
13) 田中武夫，浜本裕吉，西脇興二：船内凍結マグロの陸上保管中におけるT.T.T.（温度別品質保証期間）－Ⅱマグロ肉のATP分解物からみたT.T.T.，日本冷凍空調学会誌，35-44（1985）．
14) 小川　豊：マグロの科学－その生産から消費まで－（小野征一郎編），成山堂書店，pp.260-301（2004）．
15) Q. Liu, M.C. Lanari, and D.M. Schaefer: A review of dietary vitamine E supplementation for improvement of beef quality, *J. Anim. Sci.*, 73, 3131-3140（1995）．
16) J. Tang, C. Faustman, S. Lee, and T.A. Hoagland: Effect of glutathione on oxymyoglobin oxidation, *J. Agric. Food Chem.*, 51, 1691-1695（2003）．
17) C.R. Andersen and W.H. Wu: Analysis of carbon monoxide in commercially treated tuna（*Thunnus* spp.）and mahi-mahi（*Coryphaena hipprus*）by gas chromatography/mass spectrometry, *ibid.*, 54, 7019-7023（2005）．
18) M. Yoshida and S. Hori: Effect of carbon monoxide on colour difference and K

values in fresh fish muscle, *Jpn. J. Food Chem.*, **5**, 19-23 (1998).

19) M.P. Richards, M.A. Dettmann, and E.W. Grunwald: Pro-oxidative characteristics of trout hemoglobin and myoglobin: a role for released heme in oxidation of lipids, *J. Agric. Food Chem.*, **53**, 10231-10238 (2005).

20) M.Chaijan, S.Benjakul, W.Visessanguan, S. Lee, and C. Faustman: The effect of freezing and aldehydes on the interaction between fish myoglobin and myofibrillar proteins, *ibid.*, **55**, 4562-4568 (2007).

21) F.J. Monahan, L.H. Skibsted, and M.L. Andersen: Mechanism of oxymyoglobin oxidation in the presence of oxidizing lipids in bovine muscle, *ibid.*, **53**, 5734-5738 (2005).

22) S. P. Suman, C. Faustman, S.L. Sramer, and D.C. Liebler: Proteomics of lipid oxidation-induced oxidation of porcine and bovine oxymyoglobins, *Proteomics*, **7**, 628-640 (2007).

23) E. W. Grunwald and M.P. Richards: Mechanisms of heme protein-mediated lipid oxidation using hemoglobin and myoglobin variants in raw and heated washed muscle, *J. Agric. Food Chem.*, **54**, 8271-8280 (2006).

24) N. Ueki and Y. Ochiai: Primary structure and thermostability of bigeye tuna myoglobin in relation to those of other scombridae fish, *Fish. Sci.*, **70**, 875-884 (2004).

25) C. J. Chow: Relationship between the stability and autoxidation of myoglobin, *J. Agric. Food Chem.*, **39**, 22-26 (1991).

26) E. Bismuto, E. Gratton, and D.C. Lamb: Dynamics of ANS binding to tuna apomyoglobin measured with fluorescence correlation spectroscopy, *Biophys. J.*, **81**, 3510-3521 (2001).

27) P.W. Madden, M.J. Babcock, M.E.Vayda, and R.E. Cashon: Structural and kinetic characterization of myoglobins from eurythermal and stenothermal fish species, *Comp. Biochem. Physiol. B*, **137**, 341-350 (2004).

28) B.A. Block, H. Dewar, S.B. Blackwell, T.D. Williams, E.D. Prince, C.J. Farcell, A. Boustany, S.L. Teo, A. Seitz, A. Walli, and D. Fudge: Migratory movements, depth preferences, and thermal biology of Atlantic bluefin tuna, *Science*, **293**, 1310-1314 (2001).

29) N. Ueki and Y. Ochiai: Structural stabilities of recombinant scombridae fish myoglobins, *Biosci. Biotechnol. Biochem.*, **69**, 1935-1943 (2005).

30) N. Ueki and Y. Ochiai: Effect of amino acid replacements on the structural stability of fish myoglobin, *J. Biochem.*, **140**, 649-656 (2006).

31) S.Vilasi, R.Dosi, C.Iannuzzi, C.Malmo, A. Parente, G. Irace, and I. Sirangelo: Kinetics of amyloid aggregation of mammal apomyoglobin and correlation with their amino acid sequences, *FEBS Lett.*, **580**, 1681-1684 (2006).

32) Y. Isogai: Native protein sequences are designed to destabilize folding intermediates, *Biochemistry*, **45**, 2488-2492 (2006).

33) C. Nishimura, H.J. Dyson, and P.E. Wright: Identification of native and non-native structure in kinetic folding intermediates of apomyoglobin, *J. Mol. Biol.*, **355**, 139-156 (2006).

34) Y. Qiu, L. Sutton, and A.F. Riggs: Identification of myoglobin in human smooth muscle, *J. Biol. Chem.*, **273**, 23426-23432 (1998).

35) J. Fraser, L.V. de Mello, D. Ward, W.H. Rees, D.R. Williams, Y. Fang, A. Brass,

A.Y. Gracey, and A.R. Cossins: Hypoxia-inducible myoglobin expression in nonmuscle tissues, *Proc. Natl. Acad. Sci. USA*, 103, 2977-2981 (2006).

3章 肉色に及ぼす酵素の影響

有 原 圭 三[*]

畜肉や魚肉において，その色調は商品価値を大きく左右する重要な要因となっている[1-5]．日本では生肉のまま食する機会が比較的多い魚肉では，色調などの外観から鮮度や品質をじっくりと判断する消費者が多いと思われる．この魚肉を選択する際の習慣が，加熱調理されることがほとんどである畜肉に対しても向けられており，欧米よりも畜肉の色調に非常に敏感であると言われている．なお，色調が重視されるのは，当然のことながら，魚肉ではマグロ，畜肉では牛のようにミオグロビン（Mb）含量の多い赤色の強いものである．

筆者は，これまで牛肉や豚肉といった畜肉を対象とし，肉色に関する研究を行ってきた．魚肉を対象とした研究を直接行った経験はないが，マグロなどの魚肉の色調に関する多くの文献から非常に重要な情報を得てきた．特に，筋肉由来の肉色に関わる酵素系については，畜肉と魚肉では基本的に共通したメカニズムが存在していると考えている．本章では，筆者の研究経験から，畜肉における知見を中心に論じることとなるが，魚肉の色調現象を考えるうえでも少なからず役立つ部分があるように思われる．以下，特に牛肉の色調制御にかかわる酵素系に関する知見[4]と，微生物酵素の作用を利用した食肉製品における色調制御法[6]に関して紹介することとする．

§1. 筋肉のメトミオグロビン還元酵素系
1・1 肉色とミオグロビン

畜肉，魚肉ともに，赤色の強い肉の色は，ミオグロビンの存在が大きな役割を演じている[7]．また，ミオグロビンの誘導体変化が，色調劣化に大きく関わっている．この色調劣化の主な原因は，ミオグロビンの酸化によるメトミオグロビンの形成・蓄積である．したがって，メトミオグロビンの蓄積を抑制すれば，肉色は良好に維持される．生体筋肉においてミオグロビンは，酸素の貯蔵

---

[*] 北里大学 獣医学部

という重要な働きがある．酸化されたミオグロビン（メトミオグロビン）は，生理的機能が失われるため，常にメトミオグロビンを還元する酵素系が作用している．このため，生体筋肉では，メトミオグロビンの蓄積は，ほとんど起こらないと考えられている．

1・2 メトミオグロビン還元酵素

メトミオグロビン還元酵素系に関する研究は，1957年のRossi-Franelliら[8]の報告により始まった．彼らは，豚心筋由来のNADH依存性還元酵素がメチレンブルーの存在下で，メトミオグロビンを in vitro で還元することを示した．その後，この種の活性を示す酵素を，「メトミオグロビン還元酵素」と呼ぶようになった．わが国においては，特に水産学領域での研究が1970年代に盛んに行われ，ShimizuとMatsuura[9]は，メトミオグロビン還元酵素をスジイルカの骨格筋から単離することに成功した．その後，Yamanakaら[10]，Matsuiら[11]といった日本人研究者により，魚類を材料としたメトミオグロビン還元酵素に関する報告が続いた．しかし，いずれの報告でも，メトミオグロビンを還元する活性を見るために，メチレンブルーやフェロシアニドイオンといった生体に存在しない物質を必要としていたため，メトミオグロビン還元酵素が生体筋肉において，どのようにメトミオグロビンの蓄積抑制に働いているかは不明であった．

1979年にHaglerら[12]は，牛心筋から調製したメトミオグロビン還元酵素が，肝臓由来のチトクロムb_5の存在下で，メトミオグロビンを還元することを示した．しかし，当時，筋肉におけるチトクロムb_5の存在は明らかにされておらず，Haglerら自身もその存在を検出することはできなかった．その後，Levyら[13]は，マグロ骨格筋から，Haglerらと同様な酵素を精製した．さらに，Livingstonら[14]は，牛心筋からHaglerらの方法により精製した酵素を用いた検討を行い，この酵素がNADH-チトクロムb_5還元酵素であることを示唆した．

筆者が，北里大学獣医畜産学部（現在，獣医学部）に助手として着任したのは，1985年の4月で，着任と同時に研究室のテーマであった肉色関連の仕事として，メトミオグロビン還元酵素に関する研究に着手した．研究を始めて間もない頃に，上記のLevyら[13]とLivingstonら[14]の論文が発表され，大いに焦った記憶は今でも鮮明である．しかし，筋肉においてメトミオグロビンが酵

素的にどのように還元されているかは解決されていないままであったため，何とかこれを明らかにしようという意欲をもった．

1・3 赤血球のメトヘモグロビン還元酵素系

ところで，筋肉のミオグロビンによく似た性質をもつタンパク質に赤血球のヘモグロビンがある．ヘモグロビンはミオグロビン様のサブユニット4個からなるヘムタンパク質であり，誘導体変化などの基本的性質はミオグロビンと共通している．赤血球のメトヘモグロビン還元酵素系については，筆者が研究に着手した1985年当時，すでに多くの事実が明らかにされていた[15]．これは，ヒトにおいて赤血球でメトヘモグロビンが蓄積する疾病であるメトヘモグロビン血症が古くから知られており，この原因解明の必要性が強かったためであろう．

メトヘモグロビン血症がNADH-チトクロムb_5還元酵素の欠損により発症することから，赤血球のメトミオグロビンの還元が主としてこの酵素により行われていることが判明した．1970年代の初めに，3つのグループによりNADH依存性のメトヘモグロビン還元酵素がチトクロムb_5の存在下に効率よくメトヘモグロビンを還元することが示された[16-18]．また，同時期に赤血球にもチトクロムb_5が存在することが明らかにされた[19]．NADH-チトクロムb_5還元酵素は，NADHとともにチトクロムb_5を還元し，このとき形成される還元型チトクロムb_5が非酵素的にメトヘモグロビンを還元する（図3・1）．

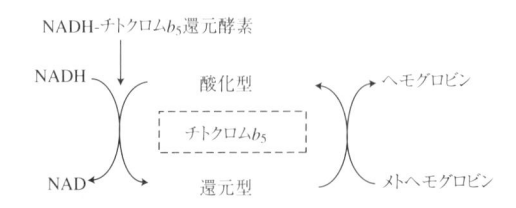

図3・1 赤血球メトヘモグロビン還元酵素系（NADHチトクロムb_5還元酵素系）

1・4 筋肉のNADH-チトクロムb_5還元酵素系

このような状況で，筆者らはまず，メトヘモグロビン還元酵素系の知見を参考にし，筋肉のメトミオグロビン還元酵素の本体を明確にすることから研究に着手した．その結果，Haglerら[12]がメトミオグロビン還元酵素と呼んだ酵素

が赤血球のNADH-チトクロムb_5還元酵素と性質上に全く差がないことが明らかにされ，筋肉のNADH-チトクロムb_5還元酵素であることを結論とした[20]．さらに，この酵素がメトミオグロビンを還元する際に必要とするチトクロムb_5の筋肉における存在を，赤血球のチトクロムb_5を用いて得た特異抗体の使用により，初めて明確に示すことに成功した[21]．

NADH-チトクロムb_5還元酵素およびチトクロムb_5の筋肉中含量を調べた結果，牛骨格筋中のNADH-チトクロムb_5還元酵素，チトクロムb_5，ミオグロビンの重量比は，1：4.3：290-720であった[22]．これに対し，赤血球におけるNADH-チトクロムb_5還元酵素，チトクロムb_5，ヘモグロビンの重量比は，1：3.3：75,000程度であり，ヘムタンパク質当たりの酵素とチトクロムb_5の量は，ともに牛骨格筋では赤血球の100倍以上存在することが明らかになった．筋肉には，メトミオグロビンの蓄積を抑制するのに量的にかなり余裕のある還元酵素系成分が存在するようである．

さらに，その後筆者らは，肝臓に存在することが知られていたOMチトクロムbと呼ばれるチトクロムb_5に性質の似たヘムタンパク質に注目し，この存在を筋肉において見出すとともに，この物質が$in\ vitro$におけるNADH-チトクロムb_5還元酵素によるメトミオグロビン還元においてチトクロムb_5と同等の効果を有することも確認した[23]．一連の成果に基づき，生体筋肉における酵素的メトミオグロビン還元経路は，図3・2に示すようなものであると考えるに至っている．すなわち，NADH-チトクロムb_5還元酵素がまずNADHを補酵素としてチトクロムb_5あるいはOMチトクロムbを還元し，次いで還元型のこれらの物質が非酵素的にメトミオグロビンを還元するというものである．これらのメトミオグロビン還元酵素系成分の局在は，免疫組織化学的に明らかにしてい

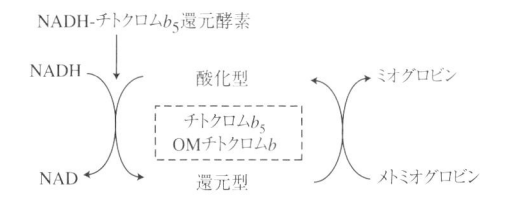

図3・2 筋肉メトミオグロビン還元酵素系（NADHチトクロムb_5還元酵素系）

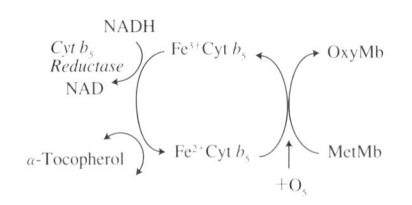

```
NADH           Fe³⁺Cyt b₅      OxyMb
Cyt b₅
Reductase
NAD

α-Tocopherol    Fe²⁺Cyt b₅      MetMb
                    +O₂
```

図3・3　α-トコフェロールのメトミオグロビン
　　　　還元酵素系への関与[26]

る[24]．また，ラット心筋培養細胞を用いた検討により，この系で補酵素として利用されるNADHは，解糖系から供給されるものと考えられている[25]．

このような系の死後筋肉である食肉における役割は，筆者らにより解明することはできなかった．しかし，Lynchら[26]は，α-トコフェロールの関与により食肉中でNADH-チトクロムb_5還元酵素系が，色調維持（メトミオグロビン還元）に重要な役割を演じていることを強く示唆する知見を得ている（図3・3）．これらの知見を含めて，メトミオグロビン還元酵素系に関する研究は，BekhitとFaustman[27]による総説に詳しくまとめられている．また，食肉の色調現象全般についても，最近の状況をまとめた総説[28]が発表されている．メトミオグロビン還元酵素系と食肉色調の関係を検討したごく最近の報告[29]もあるが，ここでは文献を引用するにとどめる．

§2．微生物による色調制御法の開発
2・1　食肉の色調と微生物の関係

食肉や食肉製品の色調に対して微生物が影響を及ぼすことは，古くから知られていた[30-33]．しかし，そのほとんどは汚染菌による色調劣化に関するものであった．その代表的なものとして，食肉の貯蔵中における緑変現象があり，これは主として細菌の生産する過酸化水素や硫化水素により形成されるミオグロビン誘導体であるコールグロビンやスルホミオグロビンの蓄積に起因することが明らかにされている．

微生物を食肉や食肉製品の色調維持や改善に積極的に利用するという方向での研究は，ほとんど展開されてこなかった．筆者らは，微生物の中には食肉や食肉製品の色調を良好に制御する機能を有するものがあるのではないかと考え，その検討に着手した．

2・2　メトミオグロビンを赤色誘導体に変換する微生物の検索

各種分離源より得た微生物株をメトミオグロビンを添加した寒天培地（たと

えば，乳酸菌の場合にはMRS寒天培地）に接種し，培養後にコロニー周囲の培地色調の変化を観察した[34]．約1,500株の分離株のうち，少なくとも28株は寒天培地中に含まれる褐色のメトミオグロビンを鮮赤色の誘導体に変換した．そのうちの2株（K-22株，K-28株）は，特にその能力が高く，K-22株はメトミオグロビンをオキシミオグロビンに変換し，K-28株はニトロソミオグロビンに変換した．

このような結果から微生物により，メトミオグロビンを鮮赤色誘導体に変換させ，食肉製品の色調制御ができる可能性があることが判明した．そこで，次に代表的な有用細菌であり，食品製造に利用しやすい乳酸菌に対象を絞り，このような機能を有する菌株のスクリーニングを行った[34]．*Lactobacillus* 属を中心とする乳酸菌約400株を調べた結果，*Lactobacillus fermentum* JCM1173という1株だけに明瞭な活性が認められた（図3・4　カラー口絵）．メトミオグロビンを添加した液体培地を用いた検討から，この乳酸菌はメトミオグロビンをニトロソミオグロビンに変換する能力を有することが判明した（図3・5　カラー口絵）．なお，その後，*L. fermentum* のニトロソミオグロビン形成機構に関する研究が進められ，Moritaら[35]により，この菌が一酸化窒素合成酵素によりアルギニンから一酸化窒素を生成することが明らかにされた．これは乳酸菌が一酸化窒素合成酵素をもつことを初めて示した報告でもあった．彼らはまた，伝統的食肉製品からも色調制御能を有する微生物を分離し，その性状などを詳細に検討している[36〜38]．

通常，ハムやソーセージといった食肉製品の製造では，亜硝酸ナトリウムを発色剤として添加し，ニトロソミオグロビンを形成させることにより安定で良好な色調を得ている（図3・6）．今日，食肉製品における亜硝酸ナトリウムの添加量は，安全性が保証されているレベルまで抑えられているが，それでも亜硝酸ナトリウムなどの発色剤の添加を好まない消費者が少なからず存在し，発色剤無添加の食肉製品も製造販売されている．筆者らが，*L. fermentum* JCM1173をスターターとして用いたセミドライソ

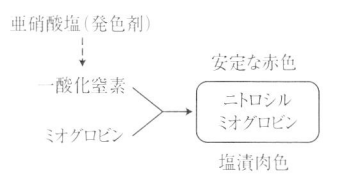

図3・6　亜硝酸塩による食肉製品の発色

ーセージを調製したところ，亜硝酸ナトリウムのような発色剤の添加なしに良好な色調を有するものを得ることができた．このことから，この技術は産業的に応用可能なものであると考えている．

その後の検討により，乳酸球菌であるEnterococcus属からも，同様の機能を有する菌株（E. faecalis, E. gallinarum, E. mundtii）を見出すことに成功した[39]．微生物を利用したいわゆる発酵食肉製品は，欧米ではごく普通に消費されている食品であるが，日本ではまだ馴染みの薄い食品である．今後，このような食品の普及に伴って，食肉製品における微生物利用も多様化してくるものと思われる．すでに，バイオプリザベイティブとしての乳酸菌は，食肉製品の製造において実用化されているが，色調制御にも十分に利用可能と考えている．

畜肉や魚肉の色調現象は，畜産学や水産学の領域において重要な研究分野として位置付けられてきた．これまでの膨大な知見の蓄積により，基礎的な部分はかなり解明されてきたものと考えている．今後は，これまでの知見を総合的に生かすことにより実践的な成果をあげていくことが望まれる．畜肉の知見を魚肉に生かすことも，その逆の活用もあるはずである．筆者らの検討は，実験室レベルでの小規模なものが中心であったが，産業的なレベルで畜肉や魚肉の色調制御に生かされていくことを期待したい．

文　献

1) C. Faustman, and R. G. Cassens : The biochemical basis for discoloration in fresh meat: a review, J. Muscle Foods, 1, 217-243 (1990).

2) F. K. Stekelenburg, W. L. J. M. Zomer, and S. J. Mulder : A medium for the detection of bacteria causing green discoloration cooked cured meat products, Appl. Microbiol. Biotechnol., 33, 76-77 (1990).

3) 有原圭三：食肉の色調制御の生化学，酪農科学・食品の研究，40, A317-A322 (1991).

4) 有原圭三：食肉の色調と酵素の働き，畜産の研究，46, 13-20 (1992).

5) 永田致治：食肉および食肉製品の色と変色，食肉の変色の化学（木村　進，中林敏郎，加藤博通編），光琳，1995, pp.385-407.

6) K. Arihara : Bacterial meat colour development systems, Meat Focus Int., 5, 309-310 (1996).

7) M. Renerre : Review: Factors involved in the discoloration of beef meat, Int. J. Food Sci. Technol., 25, 613-630 (1990).

8) A. Rossi-Franelli, E. Antonini, and B. Mondovi : Enzymatic reduction of ferrimyoglobin, *Arch. Biochem. Biophys.*, 68, 341-354 (1957).

9) C. Shimizu, and F. Matsuura : Occurrence of a new enzyme reducing metmyoglobin in dolphin muscle, *Agric. Biol. Chem.*, 35, 468-475 (1971).

10) H. Yamanaka, M. Takamizawa, and K. Amano : Relation between the color of tuna meat and the activity of metmyoglobin activity of the extract from tuna meat, *Nippon Suisan Gakkaishi*, 35, 673-681 (1973).

11) T.Matsui, C.Shimizu, F.Matsuura: Studies on metmyoglobin reducing systems in the muscle of blue white-dolphin. II. Purification and some physio-chemical properties of ferrimyoglobin reductase, *ibid.*, 41, 771-782 (1975).

12) L. Hagler, R. I. Coppes, Jr., and H. Herman : Metmyoglobin reductase, *J. Biol. Chem.*, 254, 6505-6514 (1979).

13) M.J. Levy, D.J. Livingston, R.S. Criddle, and W. D. Brown : Isolation and characterization of metmyoglobin reductase from yellowfin tuna(*Thunnus albacares*), *Comp. Biochem. Physiol.*, 81B, 809-814 (1985).

14) D. J. Livingston, S. J. McLachlan, G. N. La Mar, and W. D. Brown : Myoglobin : cytochrome b_5 interactions and the kinetic mechanism of metmyoglobin reductase, *J. Biol. Chem.*, 260, 15699-15707 (1985).

15) 指吸俊次：赤血球のメトヘモグロビン還元酵素系, 生化学, 54, 1233-1254 (1982).

16) D. E. Hultquist, and P. G. Passon : Catalysis of methaemoglobin reduction by erythrocyte cytochrome b_5 and cytochrome b_5 reductase, *Nat. New Biol.*, 229, 252-254 (1971).

17) Y. Sugita, S. Nomura, and Y. Yoneyama : Purification of reduced pyridine nucleotide dehydrogenase from human erythrocytes and methemoglobin reduction by the enzyme, *J. Biol. Chem.*, 246, 6072-6079 (1971).

18) F. Kuma, and H. Inomata : Studies on the methemoglobin reductase. II the purification of and molecular properties of reduced nicotinamide adenine dinucleotide-dependent methemoglobin reductase, *ibid.*, 247, 556-560 (1972).

19) P. G. Passon, D. W. Reed, and D. E. Hultquist : Soluble cytochrome b_5 from human erythrocytes, *Biochim. Biophys. Acta*, 275, 51-61 (1972).

20) K. Arihara, M. Itoh, and Y. Kondo : Identification of bovine skeletal muscle metmyoglobin reductase as an NADH-cytochrome b_5 reductase, *Jpn. J. Zootech. Sci.*, 60, 46-56 (1989).

21) K. Arihara, M. Itoh, and Y. Kondo : Detection of cytochrome b_5 in bovine skeletal muacle by electrophoretic immunoblotting technique, *ibid.*, 60, 97-100 (1989).

22) K. Arihara, M. Itoh, Y. Kondo : Quantification of NADH-cytochrome b_5 reductase (metmyoglobin-reducing enzyme) in bovine skeletal muscle by an immunoblotting assay, *Anim. Sci. Technol (Jpn)*, 68, 29-33 (1997).

23) K. Arihara, M, Indo, M. Itoh, and Y. Kondo : Presence of cytochrome b_5-like hemoprotein (OM cytochrome b) in rat muscles as a metmyoglobin reducing enzyme system component, *Jpn. J. Zootech. Sci.*, 61, 837-842 (1990).

24) K. Arihara, R. G. Cassens, M. L. Greaser, J. B. Luchansky, and P. E. Mozdziak: Localization of metmyoglobin-reducing enzyme (NADH-cytochrome b_5 reductase)

system components in bovine skeletal muscle, *Meat Sci.*, **39**, 205-213 (1995).
25) K. Arihara, M. Itoh, and Y. Kondo : Contribution of the glycolytic pathway to enzymatic metmyoglobin reduction in myocytes, *Biochem. Mol. Biol. Int.*, **38**, 325-331 (1996).
26) M.P. Lynch, C. Faustman, W.K.M. Chan, J. P. Kerry, and D. J. Buckley : A potential mechanism by which alfa-tocopherol maintains oxymyoglobin pigment through cytochrome b_5 mediated reduction, *Meat Sci.*, **50**, 333-342 (1998).
27) A. E. D. Bekhit, and C. Faustman : Metmyoglobin reducing activity (review), *Meat Sci.*, **71**, 407-439 (2005).
28) R. A. Mancini, and M. C. Hunt : Current research in meat color (review), *ibid.*, **71**, 100-121 (2005).
29) A. E. D. Bekhit, L. Cassidy, R. D. Hurst, and M. M. Farouk : Post-mortem metmyoglobin reduction in fresh venison, *ibid.*, **75**, 53-60 (2007).
30) O. D. Butler, L. J. Bratzler, and W. L. Mallman : The effect of bacteria on the color of prepackaged retail beef cuts, *Food Technol.*, **7**, 397-400 (1953).
31) D. L. Robach, and R. N. Costilow : Role of bacteria in the oxidation of myoglobin, *Appl. Microbiol.*, **9**, 529-533 (1961).
32) C. Faustman, J.L. Johnson, R.G. Cassens, and M. P. Doyle : Color reversion in beef. Influence of psychrotrophic bacteria, *Fleischwirtschaft*, **70**, 676-679 (1990).
33) S. C. Seideman, H. R. Cross, G. C. Smith, and P. R. Durland : Factors associated with fresh meat color: a review, *Trends Food Sci. Technol.*, **2**, 219-222 (1991).
34) K. Arihara, H. Kushida, Y. Kondo, M. Itoh, J. B. Luchansky, and R. G. Cassens: Conversion of metmyoglobin to bright red myoglobin derivatives by *Chromobacterium violaceum*, *Kurthia* sp., and *Lactobacillus fermentum* JCM1173, *J. Food Sci.*, **3**, 38-42 (1993).
35) H. Morita, H. Yoshikawa, R. Sakata, Y. Nagata, and H. Tanaka : Synthesis of nitric oxide from the two equivalent quanidino nitrogens of L-arginine by Lactobacillus *fermentum, J. Bacteriol.*, **179**, 7812-7815 (1997).
36) H. Morita, R. Sakata, S. Sonoki, and Y. Nagata : Metmyoglobin conversion to red myoglobin derivatives and citrate utilization by bacteria obtained from meat products and pickles for curing, *Anim. Sci. Technol.* (*Jpn.*), **65**, 1026-1033 (1994).
37) H. Morita, R. Sakata, and Y. Nagata : Red pigment of Parma ham and bacterial influence on its formation, *J. Food Sci.*, **61**, 1021-1023 (1996).
38) H. Morita, R. Sakata, Y. Tsukamasa, A. Sakata, and Y. Nagata : Reddening and bacteriological properties of salami without addition of nitrite and nitrate using *Staphylococcus carnosus* and *Staphylococcus xylosus* as starter cultures, *Anim. Sci. Technol.* (*Jpn.*), **68**, 787-796 (1997).
39) K. Arihara, R. G. Cassens, J. B. Luchansky : Metmyoglobin reduction by *Enterococcus*, *Fleischwirtschaft*, **74**, 1249-1250 (1994).

II. メラニン色素と魚介類の品質

4章 メラニン色素の化学

伊藤祥輔[*]・若松一雅[*]

　動物のメラニン色素は表皮，毛髪，眼などに存在して体色を決定する色素であり，黒色～黒褐色で不溶性のユーメラニンと赤褐色～黄色でアルカリに可溶性のフェオメラニンの2種類がある．メラニン色素の構造には不明な点が多いが，詳細な化学分解反応および生合成研究の結果，ユーメラニン（eumelanin, eu-は真正の意）は5,6-ジヒドロキシインドール（DHI）および5,6-ジヒドロキシインドール-2-カルボン酸（DHICA）がさまざまな比率で重合したポリマーであることが明らかにされた（図4・1）．一方，フェオメラニンはシステイニルドーパの酸化的重合により生成するベンゾチアジン誘導体およびベンゾチアゾールが複雑に結合したポリマーであることがわかった（図4・1）[1,2]．

　メラニン色素はその複雑な構造により，光の吸収と発散，フリーラジカルや活性酸素の捕捉，エネルギー調節，熱の保持などの多様な機能をもつことが知られている．一方，生物学的には，表皮におけるサンスクリーン，背地適応な

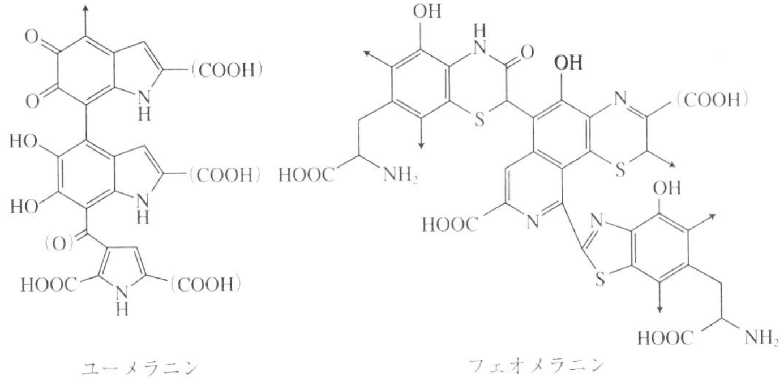

　　　　ユーメラニン　　　　　　　　フェオメラニン

　　　　　　図4・1　ユーメラニンとフェオメラニンの構造

[*] 藤田保健衛生大学医療科学部化学教室

どのカモフラージュ，装飾による異性へのセックスアピール，節足動物の免疫系や甲殻類における生体防御などの機能がある[2]．甲殻類において解凍時の黒変が商品価値を損ねるが，これもメラニン色素の生成によるものである（5章参照）．

近年，メラニンを産生する細胞の悪性化した悪性黒色腫（メラノーマ）がオゾン層の減少とともに急増しており，世界的な社会問題となっている．そこで，有害な紫外線から皮膚の下部組織を防御するメラニンの機能に注目が集まっている．特に，ユーメラニンは紫外線に対して保護作用をもつが，フェオメラニンは紫外線により発ガン性を惹起すると言われている．本章ではメラニンの生合成，分析法などについて，化学者の立場から概説する．哺乳類（および鳥類）におけるメラニン形成に限定して論ずるが，魚類や甲殻類におけるメラニン形成にも哺乳類と共通の反応や調節機構が多い．メラニンの化学に関しては，Protaによる優れた成書があり[3]，メラニンの生化学，生理学，病理学などの詳細については，各分野のエキスパートの執筆による欧文の大書が出版されているので[4]，参照されたい．邦文でも19章からなる色素細胞に関する教科書が出版されており，重宝である[2]．

§1. メラニンとは

メラニン色素は，メラニン形成を特異的な分化形質とする細胞であるメラノサイトにおいて産生される．このメラノサイトは表皮，毛包，眼の脈絡膜，虹彩などに分布している．メラニンはメラノサイト内に存在するメラノソームと呼ばれる細胞内顆粒上で産生され，ついで表皮では周辺のケラチノサイトに移送されて皮膚の色を決定し，毛包では成長過程の毛髪に移送されて毛色を決定している．メラノサイトは，これ以外にも内耳，脳軟膜，口腔粘膜などの日光の及ばない部位にも存在しているが，その存在意義は必ずしも明らかではない．動植物の色素として，ヘモグロビン，クロロフィル，カロテノイド，フラボノイド，メラニンなどが知られている．これらの色素のうち，その構造について最も不明な点が多いのがメラニンである．メラニン以外の色素は分子が小さく，純粋に単離して物理的・化学的な方法で容易に構造を決定することができる．一方，メラニン色素は複雑な組成をもつ高分子化合物であり，生体高分子のな

かでも際立った特異性をもつ.すなわちタンパク質,核酸,多糖類などの生体高分子は酵素であるいは化学的に容易に単量体に水解することができ,またそれらの単量体の配列順序を決定する方法も確立されている.ところが,メラニンはあらゆる溶媒に不溶(純粋なフェオメラニンはアルカリに可溶)であり,構造が不規則で,加水分解により単量体に分解するのも容易ではない[1,2].

§2. メラニンの生合成過程

メラニンは芳香族骨格を有する深色の高分子化合物である.その全体の構造には不明な点が多いが,生合成過程からユーメラニンとフェオメラニンの2つのグループに大別される.ヒトにおいては,日本人の黒髪はユーメラニン,北欧人にしばしば見られる赤毛は主にフェオメラニンによることが知られている.

メラニン生合成の鍵となる化合物であるドーパキノンは化学的に*ortho*-キノンに属する.その他にも主要な中間体には*ortho*-キノン体が多い.したがって,メラニン形成の化学を理解する上で,*ortho*-キノンの化学的反応性を知る必要がある.図4・2に示すように,*ortho*-キノンはシステインなどのSH化合物と極めて速く反応してチオール付加体を生成する[1].アスコルビン酸などの還元性物質との水素の授受による酸化還元反応も同程度の速度で進行する.ここで*ortho*-キノンは還元されてカテコール体となる.例えば,ドーパキノンの場合はドーパとなる.一方,アミン類との反応は進行が遅く,分子内にアミノ基を

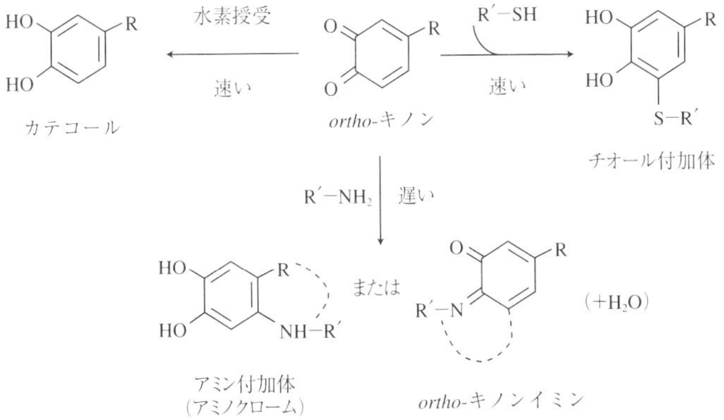

図4・2 *ortho*-キノン体の化学的反応性

もつ場合に，初めて意味のある速度となる．生成するのは，アミノ基の位置により，アミン付加体（アミノクローム）あるいは*ortho*-キノンイミン体となる．

図4・3にユーメラニンおよびフェオメラニンの生合成過程の概略を示す．いずれのメラニン色素もアミノ酸チロシンを共通の前駆体として，メラノサイトに特異的に存在する酵素チロシナーゼの作用により合成が開始される．チロシナーゼがチロシンと反応すると最初にドーパキノンが生成する．ドーパキノンは極めて反応性が高く，システインなどのSH化合物が反応系内に存在しなければ，直ちに分子内付加反応を起こして赤色色素ドーパクロムになる．なお，以前はドーパがチロシナーゼ反応の第1段階の生成物と考えられたが，近年，図4・3に示す経路により間接的に生成するという説が有力になっている[5]．

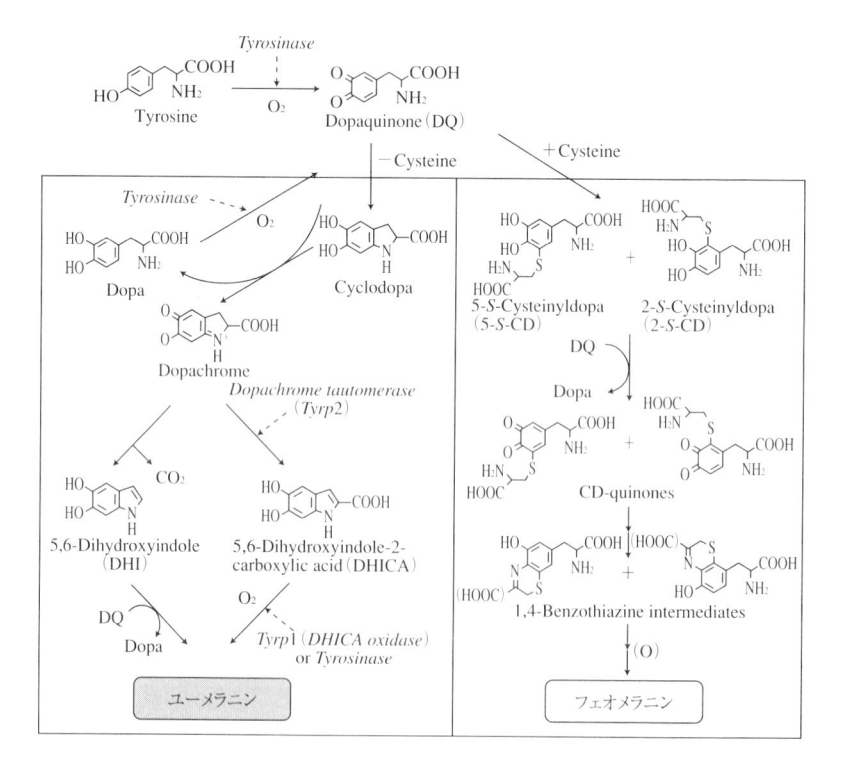

図4・3 メラニンの生合成過程の概略

ドーパクロムは酵素が存在しなくても徐々に分解し（半減期＝約30分），脱炭酸反応により5,6-ジヒドロキシインドール（DHI）を生成し，同時に異性化反応により5,6-ジヒドロキシインドール-2-カルボン酸（DHICA）を与える．この反応が自発的に進行した場合，DHIが主生成物となる（70：1の比率）．これらのジヒドロキシインドール体，特にDHIは極めて酸化されやすく，酸化重合反応を起こして黒色のユーメラニンとなる．なお，ドーパクロムからユーメラニンが生成する過程は，長年にわたって非酵素的に進行していると信じられていたが，1980年にPawelekらによってドーパクロム・タウトメラーゼ（Dct；チロシナーゼ関連タンパク質-2：Tyrp2ともいう）が発見された[6]．DctはドーパクロムからDHICAへの互変異性化を触媒することにより，ドーパクロム以降のメラニン合成過程を加速するとともに，生成するユーメラニン中のDHICA含量を増大させる働きがある．なお，昆虫では，Dctの代わりにドーパクロム変換因子（dopachrome conversion factor；DCF）が存在し，ドーパクロムからDHIへの変換（脱炭酸）を促進することが報告されている[7]．一方，同じ節足動物である甲殻類のクルマエビから，ヘモシアニンと協同してメラニン生成を促進する作用をもつmelanosis collaborating factor（MCF）が単離されたが，その作用機序は解明されていない[8]．

チロシナーゼ関連タンパク質にはもう1種類Tyrp1が知られている．マウスではTyrp1はDHICAを酸化する活性をもち[9]，Tyrp2とともにユーメラニン合成を促進している．チロシナーゼとTyrp1，Tyrp2は相似度が高く（約40％），いずれも分子内に2ヶ所の金属結合ドメインをもち，共通の遺伝子から進化したものと考えられている．チロシナーゼはDHI（ヒトではDHICA）を酸化する活性も有しており，したがって，DHIとDHICAの酸化によるユーメラニンの生成は，チロシナーゼとTyrp1により加速されることになる．

ユーメラニンの構造に関しては，上記の生合成経路に加えて，1960年代にNicolausら，Swanらにより行われた種々の分解反応の生成物から，図4・1に要約した構造が推定されている[1-3]．この構造式が示すように天然のユーメラニンはDHIとDHICAが様々な比率で酸化的に重合したものである．構造の一部にはジヒドロキシインドール骨格の酸化的開裂により生成したピロール骨格が存在し，また，ジヒドロキシインドール骨格には酸化型のキノン体と還元型

のジヒドロキシ体が共存している．

　ドーパキノンが生成する際にシステインが存在すると，SH 基の高い求核反応性により分子間付加反応が優先する．その結果，5-S-システイニルドーパと 2-S-システイニルドーパが 5：1 の比率で生成し[10]，これはさらに酸化されて，ベンゾチアジン中間体を経て赤褐色のフェオメラニンとなる．フェオメラニン形成が進行中のメラノサイトにおいては，Tyrp1 と Tyrp2 の遺伝子発現および酵素活性はほぼ完全に抑制されており，システイニルドーパからフェオメラニンへの酸化過程には酵素は関与しないことが明らかにされた[11]．すなわち，システイニルドーパの酸化はドーパキノンとの酸化還元反応により進行し（図4・3），その後の一連の反応は非酵素的に進むものと考えられている．

　フェオメラニンの構造に関しても，1960 年代に Nicolaus, Prota らによる生合成的研究および分解反応の結果に基づいて，図4・1 に要約する構造が提出されている[1～3]．すなわち，フェオメラニンはシステイニルドーパの酸化的重合反応により生成するベンゾチアジン誘導体と，それから派生するベンゾチアゾールやイソキノリン誘導体が複雑に結合したポリマーである．

§3. 混合型メラニン形成の過程

　天然に存在するメラニン色素の大半は，実際にはユーメラニンとフェオメラニンが様々な比率で共重合したポリマーである[1, 2]．本節では，両型のメラニンの生成を化学的に調節する化合物としてのドーパキノンの反応性について述べる．

　ドーパキノンは極めて反応性に富む化合物であり，その反応を追跡するためには急速かつ純粋にドーパキノンを生成する必要がある．そのために pulse radiolysis 法により発生させた Br_2 アニオンラジカルが用いられており[12]，ドーパキノンは 2～3 ms 以内に生成する．ドーパキノンの関与するメラニン形成の 4 つの初期段階について，反応速度定数が分光学的に測定されている（図4・4）．

　ユーメラニン形成の第 1 段階（r1 = 3.8/s）は比較的遅い反応であり，分子内付加反応によりシクロドーパを生じる．このシクロドーパはドーパキノンにより直ちに酸化（r2 = 5.3×10^6/M/s）されて比較的安定（半減期 30 分）なドーパクロムとなる．一方，フェオメラニン形成の第 1 段階はシステインの付

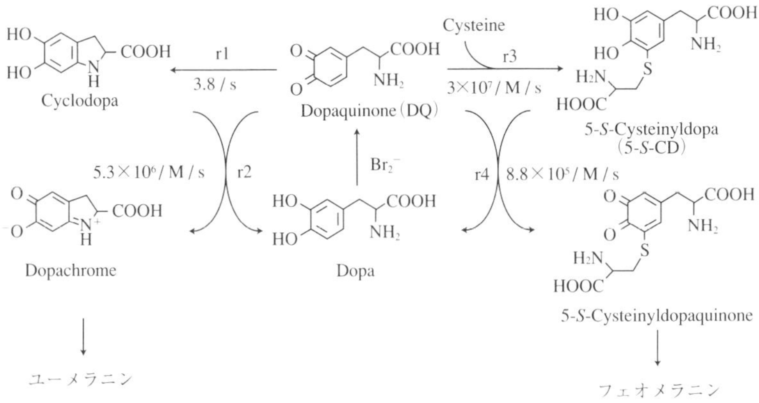

図4・4 メラニン形成の初期段階の速度論

加（r3 = 3×10^7/M/s）によるシステイニルドーパの生成であり、極めて速い反応である。続く反応はドーパキノンによるシステイニルドーパの酸化（r4 = 8.8×10^5/M/s）で、これはやや遅い反応であり、システイニルドーパキノンを生じる。これらの反応速度定数から、いくつかの重要な結論が導かれる。

1) r1とr3の比較から、システイン濃度が$0.13\,\mu$M以上である限り、システイニルドーパ生成が優先する。
2) r3とr4の比較から、システイニルドーパ濃度がシステイン濃度の30倍になるまでは、システイニルドーパ生成が優先する。すなわち、システイニルドーパが蓄積する。
3) r1とr4の比較から、システイニルドーパ濃度が$9\,\mu$M以上であれば、フェオメラニン形成（r4）はユーメラニン形成（r1の2倍）に優先する。
4) ユーメラニン形成とフェオメラニン形成の分岐する指数は次式で求められる。

   D = r3 × r4 × [cysteine] / r1 × r2

   ドーパクロムとシステイニルドーパキノンからはメラニン形成は自発的に起こるので、ユーメラニン形成とフェオメラニン形成のスイッチングが起こるのはシステイン濃度が$0.8\,\mu$Mに達した時ということになる[11]。

以上の結果、混合型メラニン形成は3段階で進むことが示唆される（図4・

5)[1, 2]. 第1段階はシステイニルドーパの生成であり，システイン濃度が0.13 μM 以上である限り進行する．第2段階はシステイニルドーパの酸化によるフェオメラニンの生成であり，システイニルドーパ濃度が9 μM 以上である限り進行する．最終段階はユーメラニンの生成であり，システインとシステイニルドーパの大半が消費された後，開始される．したがって，ユーメラニンとフェオメラニンの比率は，メラノソーム内でのチロシナーゼ活性（ドーパキノン濃度に比例）とチロシンとシステインの濃度比により決定されることになる．

メラニン形成の3段階説に基づき，混合型メラニンの三次元構造について「囲い込みモデル」（図4・6）が提唱された[13]．メラニン形成の初期過程ではまずフェオメラニンが生成して色素となり，その後，その外側にユーメラニンが沈着して混合型メラニンが形成されるという説である．この説は最近，脳のメ

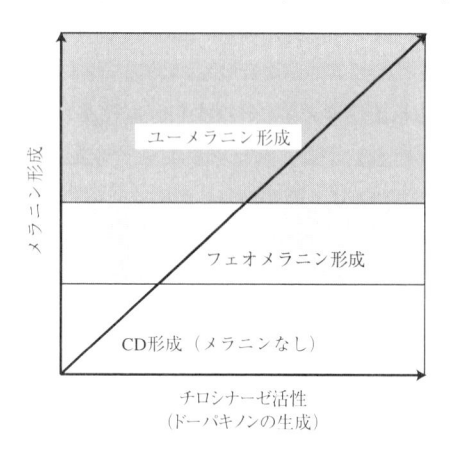

図4・5　混合型メラニン形成過程の3段階説
CD：cysteinyldopa

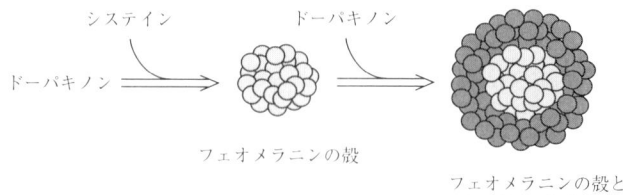

図4・6　混合型メラニン形成の囲い込みモデル[12]

ラニンであるニューロメラニン(ドーパミンとシステイニルドーパミンの共重合体)について,顆粒表面の酸化電位を測定することにより実証された[14].この説によれば,混合型メラニンがたとえ少量のフェオメラニンを含んでいても,表面のユーメラニンにより防御され,紫外線による有害作用をもたらさない可能性が示唆される.今後,通常の混合型メラニンについても本モデルの実証を期待したい.

§4. メラニンの性状の比較

表4・1にユーメラニンとフェオメラニンの性状を化学的,物理的に分析する種々の方法について比較した[1〜4].組織の色はメラニンの区別には直接役立たない.筆者らは,化学分析の結果から,肉眼で見た色調の違いは必ずしも信用できないことを経験している.溶解性の違いも,ユーメラニンでもアルカリに少し溶けるものもあるなど,特異性に欠ける.元素分析は両者の前駆体の違いを反映して,本来は特異性が高いはずであるが,残念ながらメラニンの単離が困難であり,かつその過程でタンパク質に由来する硫黄の混入が避けられず,合成メラニンへの適用を除いてはほとんど役に立たない.赤外吸収スペクトルはもともと特異性が低い分析法であり,有用とは考えにくい.UV-VISスペクトルを測定するためには,メラニンの可溶化が必要である.ユーメラニンは通常の溶媒には不溶であるが,液体シンチレーション用の組織可溶化剤であるSoluene-350中で加熱すると可溶化できる.両者の吸収スペクトルはいずれも長波長側へ向けて漸減し,特徴あるピークは見られないが,筆者らは500 nm

表4・1 ユーメラニンとフェオメラニンの物理的・化学的性状の比較

性 状	ユーメラニン	フェオメラニン	特異性
組織の色	暗褐色〜黒色	黄色〜赤褐色	低
溶解度	あらゆる溶媒に不溶	アルカリに可溶	低
元素組成	C,H,O,N (6〜9%), S (0〜1%)	C,H,O,N (8〜11%), (9〜12%)	低
IRスペクトル	特徴的なピークなし	特徴的なピークなし	低
UV-VISスペクトル	吸収極大なし	吸収極大なし	低
NMRスペクトル	有用な可能性あり	データなし	低?
ESRスペクトル	一峰性ピーク	二峰性ピーク	高
化学的分解	PTCA	4-AHP	高

と650 nmにおける吸光度の比率がユーメラニンでは0.3，フェオメラニンでは0.1と大きく異なり，両者の区別が可能であることを示した[15]．^{13}C-または^{15}N-核磁気共鳴スペクトルは，ユーメラニンを固体状態で測定するために用いられ，有用な情報を提供している．電子スピン共鳴スペクトル（ESR）は両者の区別に最も有用であり，両者ともポリマー中にラジカル中心をもち，ユーメラニンでは単峰性，フェオメラニンでは二峰性のスペクトルとして検出されている．この方法を用いて，ユーメラニンとフェオメラニンの共重合体中のフェオメラニンの含量を測定した報告があるが[16]，メラニンの構造のうちラジカル部分はわずかであり，メラニン高分子全体の分子構造をどの程度反映しているかは定かではない．

現在，メラニン色素をユーメラニンとフェオメラニンとして定量するうえで最も有効な方法は，メラニンを化学的に分解し，得られた分解生成物を高速液体クロマトグラフィー（HPLC）で解析する方法である[17, 18]．

§5. メラニンの微量分析

この節では，筆者らが開発したメラニンの微量分析法について解説する．

筆者らは，メラニン生合成の研究を進める過程で，メラニンの微量定量法を開発する必要性を痛感した．そこで，1985年にメラニンを化学的に分解して，その特異的分解産物をHPLCで測定することにより分別定量する方法を発表した[17]．ユーメラニンは酸性下の過マンガン酸酸化により，DHICA由来の構造単位からピロール-2, 3, 5-トリカルボン酸（PTCA；図4・7）を生成する．DHIメラニンとDHICAメラニンを過マンガン酸酸化すると，それぞれ0.03％，2.8％の収率でPTCAが得られた．この結果から，PTCAはDHICA由来の構造から生成する特異的生成物であることが示された．このことは過マンガン酸酸化の長所ではあるが，DHIメラニンからピロール-2, 3-ジカルボン酸（PDCA）がほとんど生成しないことは，欠点でもある．この欠点を克服するためにProtaらは酸化剤としてアルカリ性下で過酸化水素を酸化剤として用いている．この条件下では，PDCAがDHIメラニンから0.34％の収率で生成する[19]．酸性過マンガン酸酸化とアルカリ性過酸化水素酸化のいずれが優れているかは，適用する検体と分析の目的によるといえる．甲殻類のメラニンはドー

パクロム変換因子の作用によりDHIメラニンである可能性が高く[7]、その分析にはアルカリ性過酸化水素酸化が適切である．

　フェオメラニンからは，ヨウ化水素酸で還元的に水解すると，5-S-システイニルドーパ由来のベンゾチアジン単位から4-アミノ-3-ヒドロキシフェニルアラニン（4-AHP；図4・7）が11％の収率で生成する．天然のユーメラニンからのPTCAの収率は約2％であり，その値を50倍すればユーメラニンに換算できる．一方，フェオメラニンについては，4-AHPの値を9倍すればフェオメラニン量となる．しかし，これらの換算係数の正確さはDHICAとDHIの比率が天然のユーメラニンで一定であり，また4-AHPの収率が天然のフェオメラニンにもあてはまると仮定した場合に成り立つことに注意する必要がある．このメラニンの分別定量法はメラニン産生組織1 mg，細胞10万個でも分析可能な高感度の分析法であり，ヒトを含めた動物の体毛，表皮，メラノーマ組織，あるいは培養メラノーマ細胞や正常メラノサイト中のユーメラニンとフェオメラニンの分別定量に広く適用されている[1, 2, 20]．

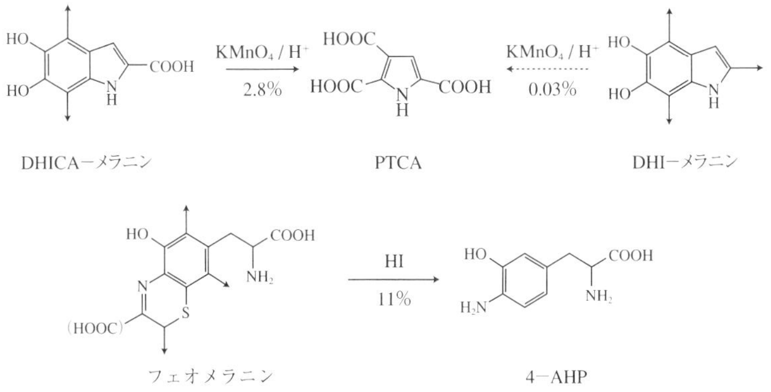

図4・7　ユーメラニンおよびフェオメラニンの化学的分解反応

§6. メラニン形成を支配する遺伝子

　マウスにおいて，127種類の色素遺伝子が知られており，そのうち2006年までに半数を超える68種類が同定されている[21]．マウスの毛色遺伝子の研究は色素研究の進展に大きく貢献してきたが，そこに留まらず，ヒトにおける色

素異常症の研究においても格好の疾患モデルとなっている．それらのうち，色素形成に直接関与する遺伝子について表4・2にまとめた．また，メラノサイトにおけるこれらの遺伝子の役割を図4・8に記す．

表4・2　マウス毛色遺伝子とヒトにおける変異

マウス毛色遺伝子	遺伝子産物	ヒトにおける変異
Albino（c, Tyr）	チロシナーゼ（Tyr）	眼皮膚白皮症（OCA）1型
Slaty（slt, Dct, Tyrp2）	ドーパクロム・タウトメラーゼ（Dct）	不明
Brown（b, Tyrp1）	チロシナーゼ関連タンパク1（Tyrp1）	OCA3型
Pink-eyed dilution（p）	メラノソーム膜タンパク	OCA2型
Underwhite（uw, Matp）	メラノソーム膜輸送タンパク	OCA4型
Microphthalmia（mi, Mitf）	Mitf転写因子	Waardenburg症候群2型
Agouti（A）	アグチタンパク（Mc1r拮抗剤）	不明
Extention（e, Mc1r）	メラノコルチン1受容体	スキンタイプI，赤毛
Mahogany（mg, Atrn）	アトラクチン	中枢神経の変性？
Suble gray（sut, Slc7a11）	シスチン／グルタミン酸輸送体	不明

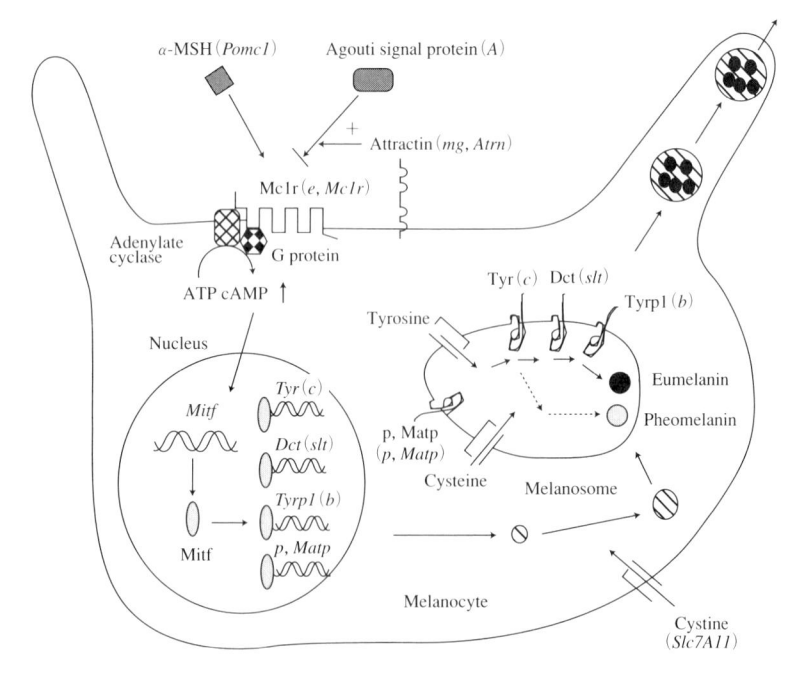

図4・8　メラノサイトにおけるメラニン形成の調節機構

図4・3に示すように，メラニン形成の律速酵素はチロシナーゼであり，それが変異（c/c）して機能を失うとアルビノになる（表4・2）．ヒトではチロシナーゼ陰性型白皮症はoculocutaneous albinism-1（OCA1）と呼ばれ，白色の毛髪と皮膚が特徴である．

　それではTyrp1やDct/Tyrp2の変異によりメラニンの性状はどう変化するであろうか．マウスにおいてはTyrp1の変異brown（b/b）は黒色の体毛を茶色に変化させる．これはメラニン形成の抑制により，正常な黒色のユーメラニンよりも低分子量のユーメラニンが生成したためである[22]．ヒトではTyrp1のmRNAが欠損した変異（OCA3）が見つかっている．Dct/Tyrp2活性が低下する変異slaty（slt/slt）が起こると，DHICAへの経路（図4・3）が抑制され，マウスの体毛はスレート色（青みがかった灰色（鉛色））になる．なお，ヒトにおけるDct/Tyrp2の機能喪失変異は知られていない．

　メラニン生合成経路には直接関与しないにもかかわらず，アルビニズムを引き起こす変異がある．これがチロシナーゼ陽性型白皮症である．マウスのpink-eyed dilution（p）遺伝子が劣性ホモ個体（p/p）では，ユーメラニン合成が約10％にまで抑制され[22]，毛色は薄い灰色（眼はピンク色）になる．これはヒトではOCA2に相当する．pタンパク質はチロシナーゼ，Tyrp1，Dct/Tyrp2と同様にメラノソーム膜タンパク質であり，その機能については，チロシナーゼの細胞内輸送に関わっているという説が有力であるが，メラノソームを中性に維持する役割を担うという説もある．Underwhite（uw，Matp）は，pink-eyed dilutionと類似の表現型を有し，pタンパク質と類似のメラノソーム膜輸送タンパク質を産生している．その変異はヒトではOCA4をもたらす．

　メラニン形成に細胞レベルで関与している遺伝子はいくつか知られているが，ここでは細胞がユーメラニンとフェオメラニンのいずれを合成するかを決定しているアグチ（Agouti）とextension（e）遺伝子を中心に紹介する．

　α-MSH（melanocyte stimulating hormone）は脳下垂体から分泌されるペプチドホルモンで，メラノサイトに作用してメラニン形成を促進し，体色を黒化させる．α-MSHはメラノサイト膜表面に存在するメラノコルチン1-受容体（Mc1r）に結合して，Gタンパク質，次いでアデニル酸シクラーゼを活性化してcAMP濃度を上昇させる（図4・8）．その結果，メラニン形成のマスター遺

伝子である microphthalmia (Mitf) の発現が促進される[23]．転写因子 Mitf (microphthalmia associated transcription factor) は，色素細胞に特異ないくつかの遺伝子の転写に関わっていることが証明されている．その変異はマウス (mi/mi) では白毛・小眼球症・難聴を生じ，ヒトでは Waadenburg 症候群2型と呼ばれる同様な疾患をもたらす[24]．

α-MSH と正常な Mc1r があれば黒色のユーメラニンが合成されるわけであるが，それでは Mc1r が欠損すればどうなるか．それがマウスでは recessive yellow (e/e) と呼ばれる変異であり，α-MSH が作用できずにフェオメラニンが優先的に合成され，体毛が黄色になる．ヒトの赤毛の原因は MC1R の変異によることが1995年に報告された[25]．赤毛は同時にスキンタイプⅠ（白色で日焼けしない皮膚）を伴うことが多い．その後，哺乳類における赤毛も同様な変異によることが，次々に解明されている．

マウスにおいて recessive yellow と酷似した表現型に Lethal yellow (A^y/a) がある．これはアグチタンパク質 (agouti signal protein；ASP) の過剰発現によるものであり，逆に劣性ホモ個体 nonagouti black (a/a) は黒色毛を生じる．ASP は毛乳頭で産生され，毛包メラノサイトに傍分泌型に作用している．ASP の機能については，α-MSH (Mc1r アゴニスト) と拮抗作用するアンタゴニストであることが証明された．野生型の Agouti においては断続的に発現する ASP によって，黒-黄-黒の縞模様（アグチパターン）のある体毛となり，見掛け上，茶色がかった黒の体色となる．

以上をまとめると，Mc1r のシグナリングの抑制・Agouti 発現の亢進によりチロシナーゼ活性が低下するとともに，Tyrp1，Dct/Tyrp2，p タンパク質，uw/Matp タンパク質などの発現が抑制され，その結果，フェオメラニンが生成する．一方，Mc1r のシグナリングの亢進・Agouti 発現の抑制によりチロシナーゼ活性が上昇するとともに，Tyrp1，Dct/Tyrp2，p タンパク質，uw/Matp タンパク質などの発現が始まり，その結果，ユーメラニンが生成することになる[26]．なお，mahogany は膜結合タンパク質，アトラクチンを産生する遺伝子であり，ASP の作用を促進する．その変異はヒトでは中枢神経の変性をもたらすと考えられている．

フェオメラニン形成に必須のシステインの細胞内レベルはどのように調節さ

れているか．長年にわたる疑問が2005年に解決された．*Subtle gray*（*sut*）はSlc7a11と呼ばれるシスチン／グルタミン酸交換体の遺伝子であり，その変異（*sut/sut*）は，細胞内グルタチオンを枯渇させ，フェオメラニンの著明な減少をもたらす[27]．ヒトにおける変異は見つかっていない．

これらの色素遺伝子の多くは哺乳類，鳥類に加えて魚類においても発現している．アグチタンパク質は最近，魚類におけるメラニンの背部腹部の分布を決定し，メラニン形成抑制因子として作用することが報告された[28]．しかしながら，哺乳類や鳥類における作用と異なり，フェオメラニン形成へのスイッチングはもたらさない．

なお，マウスでは相同な遺伝子は見つかっていないが，zebrafishの*golden*遺伝子と相同の遺伝子がヒトの正常な色素形成において重要な役割を演じていることが2005年に報告された[29]．

本章では主に哺乳類，鳥類におけるメラニン形成の化学について概説したが，魚類におけるメラニン形成も類似の過程を経るものと推測される．異なる点として，魚類ではフェオメラニン形成が進行しないが，その機序は不明であり，興味深い．甲殻類におけるメラニン形成ではチロシナーゼの代わりにフェノール酸化酵素が作用することとドーパクロム変換因子がDHIへの変換を促進する可能性の2点が異なるが[7, 8]，化学的には図4・3に示したメラニン形成が起こっているものと考えられる．

文献

1) S. Ito: IFPCS presidential lecture. A chemist's view of melanogenesis, *Pigment Cell Res.*, 16, 230-236 (2003).
2) 若松一雅・伊藤祥輔：メラニンの構造とその機能, 色素細胞 (松本二郎, 溝口昌子編), 慶應義塾大学出版会, 2001, 119-134.
3) G. Prota: Melanins and Melanogenesis, Academic Press, 1992, 290 pp.
4) S. Ito and K. Wakamatsu: Chemistry of Melanins. In "The Pigmentary System. Physiology and Pathophysiology, Second Ed." (ed. by J. J. Nordlund, R. E. Boissy, V. J. Hearing, R. A. King, W. S. Oetting, and J.P. Ortonne), Blackwell Publishing, Oxford, 2006, 282-310.
5) C. J. Cooksey, P. J. Garrant, E. J. Lan, S. Pavel, C. A. Ramsden, P. A. Riley, and N. P. M. Smit: Evidence of the indirect formation of the catecholic intermediate substrate responsible for the autoactivation kinetics of tyrosinase, *J. Biol. Chem.*, 272, 26226-26236 (1997).

6) J. Pawelek, A. M. Körner, A. Bergstrom, and J. Bolognia: New regulators of melanin biosynthesis and the autodestruction of melanoma cells, *Nature*, 286, 617-619 (1980).
7) C. Y. Huang, B. M. Christensen, and C. C. Chen. Role of dopachrome conversion enzyme in the melanization of filarial worms in mosquitoes, *Insect Mol. Biol.*, 14, 675-682 (2005).
8) K.Adachi, T.Hirata, A.Fujio, T.Nishioka, and M. Sakaguchi: A 160-KDa protein is essential for hemocyanin-derived melanosis of prawn, *J. Food Soc.*, 68, 765-769 (2003).
9) C. Jiménez-Cervantes, F. Solano, T. Kobayashi, K. Urabe, V. J. Hearing, J. A. Lozano, and J. C. García-Borrón: A new enzymatic function in the melanogenic pathway. The 5,6-dihydroxyindole-2-carboxylic acid oxidase activity of tyrosinase related protein-1 (TRP1), *J. Biol. Chem.*, 269, 17993-18001 (1994).
10) S. Ito, and G. Prota: A facile one-step synthesis of cysteinyldopas using mushroom tyrosinase, *Experientia*, 33, 1118-1119 (1977).
11) T. Kobayashi, W. D. Viera, B. Potterf, C. Sakai, G. Imokawa, and V. J. Hearing: Modulation of melanogenic protein expression during the switch from eu- to pheomelangenesis, *J. Cell Sci.*, 108, 2301-2309 (1995).
12) E. J. Land, S. Ito, K. Wakamatsu, and P. A. Riley: Rate constants for the first two chemical steps of eumelanogenesis, *Pigment Cell Res.*, 16, 487-493 (2003).
13) S. Ito: Encapsulation of a reactive core in neuromelanin, *Proc. Natl. Sci. USA*, 103, 14647-14648 (2006).
14) W. D. Bush, J. Garguil, F. A. Zucca, A. Albertini, L. Zecca, G. S. Edwards, R. J. Nemanich, and J. D. Simon: The surface oxidation potential of human neuromelanin reveals a spherical architecture with a pheomelanin core and a eumelanin surface, *ibid.*, 103, 14785-14789.
15) H. Ozeki, S. Ito, K. Wakamatsu, and A. J. Thody: Spectrophotometric characterization of eumelanin and pheomelanin in hair and wool, *Pigment Cell Res.*, 9, 265-27 (1996).
16) R. S. Sealy, J. S. Hyde, C. C. Felix, I. A. Menon, and G. Prota. Eumelanins and pheomelanins: Characterization by electron spin resonance spectroscopy, *Science*, 217, 545-547 (1982).
17) S. Ito S, and K. Fujita: Microanalysis of eumelanin and pheomelanin in hair and melanomas by chemical degradation and liquid chromatography, *Anal. Biochem.*, 144, 527-536 (1985).
18) K. Wakamatsu, and S. Ito: Review: Innovative technology. Advanced chemical methods in melanin determination, *Pigment Cell Res.*, 15, 174-183 (2002).
19) S. Ito, and K. Wakamatsu: Chemical characterization of melanins: application to identification of dopamine-melanin, *ibid.*, 11, 120-126 (1998).
20) L. Novellino, A. Napolitano, and G. Prota: Isolation and characterization of mammalian euemlanins from hair and irides, *Biochim. Biophys. Acta.*, 1475, 295-306 (2000).
21) D. C. Bennett, and M. L. Lamoreux: The color loci of mice - a genetic century, *Pigment Cell Res.*, 16, 333-344 (2003).
22) H. Ozeki, S. Ito, K. Wakamatsu, and T. Hirobe: Chemical characterization of hair melanins in various coat-color mutants of mice, *J. Invest. Dermatol.*, 105, 361-366 (1995).
23) J. A. D'Orazio, T. Nobuhisa, R. Cui, M.

Arya, M. Spry, K. Wakamatsu, V. Igras, T. Kunisada, S. R. Granter, E. K. Nishimura, S. Ito, and D. E. Fisher: Topical drug rescue strategy and skin protection based on the role of Mc1r in UV-induced tanning, *Nature*, 443, 340-344 (2006).

24) M. Tachibana, Y. Kobayashi, and Y. Matsushima: Mouse models for four types of Waardenburg syndrome, *Pigment Cell Res.*, 16, 448-454 (2003).

25) P. Valverde, E. Healy, I. Jackson, J. L. Rees, and A. J. Thody: Variants of the melanocyte-stimulating hormone receptor gene are associated with red hair and fair skin, *Nature Genet.*, 11, 328-330 (1995).

26) G. S. Barsh: The genetics of pigmentation: from fancy genes to complex traits, *Trends Genet.*, 12, 299-305 (1996).

27) S. Chintala, W. Li, M. L. Lamoreux, S. Ito, K. Wakamatsu, E. V. Sviderskaya, D. C. Bennett, Y.-M. Park, W. A. Gahl, M. Huizing, R. A. Spritz, S. Ben, E. K. Novak, J. Tan, and R. T. Swank: Slc7a11 gene controls production of pheomelanin pigment and proliferation of cultured cell, *Proc. Natl. Acad. Sci. USA*, 102, 10964-10969 (2005).

28) J. M. Cerda-Reverter, T. Haitina, H. B. Schioth, and R. E. Peter: Gene structure of the goldfish agouti-signaling protein: a putative role in the dorsal-ventral pigment pattern of fish, *Endocrinology*, 146, 1597-1610 (2005).

29) R. L. Lamason, M.-A. P. K. Mohideen, J. R. Mest, A. C. Wong, H. L. Norton, M. C. Aros, M. J. Jurynec, X. Mao, V. R. Humphreville, J. E. Humbert, S. Sinha, J. L. Moore, P. Jagadeeswaran, W. Zhao, G. Ning, I. Makalowska, P. M. McKeigue, D. O'Donnell, R. Kittles, E. J. Parra, N. J. Mangini, D. J. Grunwald, M. D. Shriver, V. A. Canfield, and K. C. Cheng: SLC24A5, a putative cation exchanger, affects pigmentation in zebrafish and humans, *Science*, 310, 1782-1786 (2005).

5章　メラニン生成による甲殻類の黒変と品質

平田　孝[*1]・足立亨介[*2]

　日本人は甲殻類を好んで食し，世界各国から輸入している．実際，甲殻類，特にエビ類はわが国の輸入水産物のうち最も重要な品目である．金額ベースでみた輸入量は全農林水産物中で豚肉，たばこ，製材加工材，トウモロコシについで第5位，水産物中では第1位（2380億円，2006年）である．数量ベースでも水産物中第2位（24.8万トン，2006年）をしめている．主な輸入先は，ベトナム，インドネシア，インドで，この3ヶ国だけで全輸入量の50％を超える．輸入エビ類の産地の多くは熱帯，亜熱帯であり，わが国には冷凍品として輸入されている．これら冷凍エビ類は，添加物による黒変防止処理が施されていない場合，解凍時に急速に黒色のメラニンを生成し，その商品価値が著しく損なわれ大きな問題となる．国産エビ類も沿岸域で漁獲されたもの，あるいは活エビをのぞき，その多くが冷凍品として流通しており，同様の黒変問題が存在する．したがって，安全で効果が確実な黒変防止技術の開発は喫緊の課題である．本章では，近年筆者らが明らかにしてきた甲殻類（エビ類）の黒変機構に関する知見を概観し，その防止の方策を探る．研究対象としては活けエビとしていつでも入手可能なクルマエビを主として用いたが，他のエビ類あるいはカニ類でもその黒変機構には基本的に大きな違いはないと考えられる．

§1．メラニン生成の意義

　エビ類は脊椎動物と異なり，獲得免疫機構がないため抗体を生産することはできない．そのかわり，外来微生物に対する生体防御機構の1つとしてフェノールオキシダーゼ（PO）を有している．POは通常，その不活性型前駆体proPOとして血リンパ中の顆粒球内で発現され，外来微生物が侵入すると血漿中に放出される．その仕組みはザリガニを用いた研究で詳細に明らかにされて

[*1] 京都大学大学院農学研究科
[*2] 日本水産（株）中央研究所

おり，その大略は以下のようである[1]．すなわち，顆粒球中には，proPO とともにこれを PO に活性化する因子群「proPO システム」が存在している．このシステムは外来微生物の細胞壁上の糖鎖を認識することで活性化され，セリンプロテアーゼのカスケード反応により proPO の N 末端側のプロペプチドを切断することで最終的に PO が生産される．PO はチロシンや 3, 4-ジヒドロキシフェニルアラニン（DOPA）を酸化し，メラニン中間体 DOPA キノンを生成する．DOPA キノンは非酵素的に DOPA クロムとなり，さらに各種の反応を経てメラニンとなる．これら一連の反応で生産される中間体あるいは最終生成物のメラニンが微生物を不活性化していると考えられる．

脊椎動物でもあるいは昆虫類でも DOPA キノンの生成反応までは同様な機構で進行する（4章参照）[2]．しかし，そのあとの反応は動物によって異なり，様々な因子が関わっていることは確かであるが，エビ類については不明な点も多い．後述するように，筆者らは DOPA クロムからのメラニン生成を促進する因子としてタンパク質性の MCF（Melanosis Collaborating Factor）を単離しているが，この因子がどのような機構でメラニン生成を促進しているかは不明である[3]．いずれにしても，エビ類においてもメラニン生成は生体内で酵素反応を含んだ系で厳密にコントロールされており，DOPA キノン生成後は自動酸化的にメラニンができるといった単純な反応ですべてを説明することはできない．なお，PO は微生物に対する防御だけでなく，外骨格のクチクラ形成や創傷治癒の際にも働いてメラニンを生成することが知られている．

§2. 漁獲後のメラニン生成

漁獲されたエビ類はそのまま放置すると特に外骨格や脚部，胸頭部などで徐々にメラニンを生成して黒変し，商品価値を失う．前述のように，PO は過剰な活性化が起こらないように発現と分解が厳密にコントロールされている．そうでなければ，漁獲前後を問わずエビ類はいつでも黒色を呈するはずである．一方，漁獲後には PO をはじめとしたメラニン生成システムに関わるホメオスタシスの機構が崩壊し，黒変促進作用だけが残存すると考えられている．生のエビより凍結解凍したものの方が黒変は著しく進行するが，この事実もメラニン生成抑制システムの崩壊が一方向のメラニン生成を促進していることを示し

ている．なぜなら，凍結解凍は組織の無秩序化を著しく助長するからである．

現在，エビ類の黒変防止には添加物が広く使用されている．特に凍結解凍エビでは添加物無処理で黒変を防止することが極めて困難であるため，その使用が一般的である．米国ではチロシンやDOPAの基質アナログとして阻害効果を発現する4-ヘキシルレゾルシノールが広く使用されているが，わが国では許可されていない．メラニン生成の初期反応は酸化であるため，抗酸化剤であるトコフェロールを基剤とした添加物も用いられるが，一般的に広く使用されている添加物は亜硫酸塩である．図5・1に示したように亜硫酸塩はメラニン中間体のDOPAキノンと速やかに反応してヒドロキノンスルホン酸を生成しメラニン生成を阻害する．亜硫酸塩は効果が確実なだけでなく，安価であることから広く利用されているが，使用上の問題がないわけではない．トリメチルアミンオキシドは海洋生物一般に特徴的に含まれている成分であるが，特にエビなどの無脊椎動物に多量に見出され，浸透圧調整や内在性タンパク質の変性防止に役立っているとされる．しかし，トリメチルアミンオキシドは亜硫酸と非酵素的に容易に反応してホルムアルデヒドを生成する．ホルムアルデヒドは発ガン性

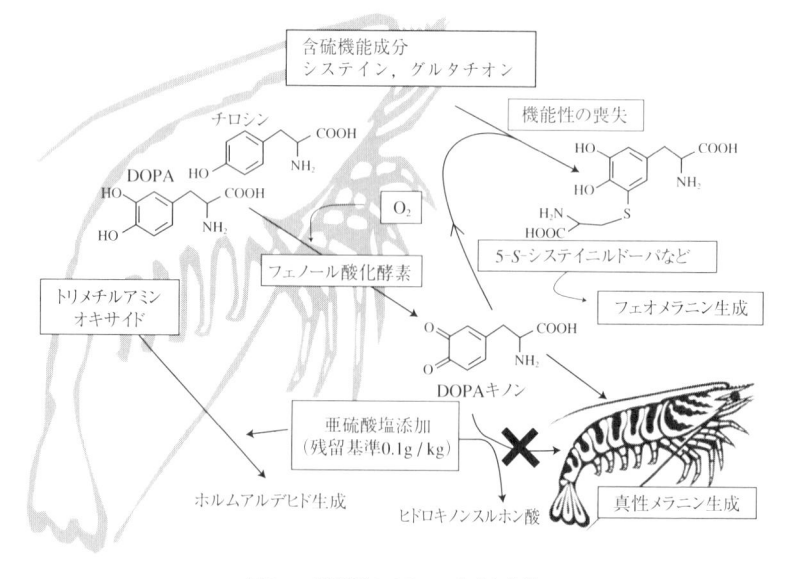

図5・1 甲殻類のメラニン生成と品質

が報告されていることから,その生成をできるだけ抑制できるような対策が望まれている.また,DOPAキノンはチオール類と反応し,システイン,グルタチオンなどの機能性成分を失わせる可能性もある.この反応は極めて迅速であるため(4章),DOPAキノンの生成そのものを抑制しなければ,チオール類の減耗を抑制するのは困難である.すなわち,亜硫酸塩などに依存しない新しいエビ類の黒変防止技術の開発が強く望まれている所以である.

§3. フェノールオキシダーゼとヘモシアニン

前述のような背景の下,筆者らは添加物に依存しない新しい黒変防止法を開発することを目標に,漁獲後のモデル動物としていつでも生きたエビとして入手可能なクルマエビを用い,その黒変機構の解明を行ってきた.その結果,漁獲後のメラニン生成と生体防御機構としてのメラニン生成では,主役となる酵素が全く異なることが明らかになってきた.

クルマエビproPOは分子量330k,SDS-PAGEでは78kと72kの2つのバンドが観察される.したがって,proPOは4量体として存在していると考えられる[4].1尾当たりの存在量は20〜30gの個体で数μgである.この量は血リンパに侵入してきた微生物を攻撃するためには十分であるが,解凍後迅速に進行する黒変を触媒する量としては少なすぎるとも考えられる.そこで,本当にproPOが死後に活性化されて黒変を引き起こしているのか確認したところ,予想外の結果が得られた[5].図5・2に示したように生鮮クルマエビからproPOを調製し直ちに活性を測定した結果と,冷凍保存後の活性を比較した結果には著しい相違が認められた.すなわち,-25℃で1週間保存後のproPOはほとんどその活性を失っていた.POとして冷凍保存した場合でも結果は同様であった.前述のように,黒変は生エビより解凍エビで著しく,POがメラニン生成の主たる酵素であるとすると,上記の結果を説明することが困難である.凍結解凍したエビで顕著に進行する黒変はPOとは異なる因子が関与していると考えるのが自然であろう.もちろん,クルマエビ血リンパには少ないとはいえPOが存在しているのは間違いないので,黒変に全く関与していないとはいえないが,特に凍結解凍エビの場合にはその程度はかなり低いと考えられる.

図5・3に示したように,クルマエビPOをクローニングした結果,そのアミノ

酸配列は，ヒトや植物，微生物のチロシナーゼより甲殻類のヘモシアニンとより高い類縁関係にあることが明らかになった[6]．一方，ロブスターのヘモシアニンを過塩素酸ナトリウムで処理するとフェノール酸化酵素活性を示すことが報告されている[7]．そこでヘモシアニンの凍結耐性を調べてみたところ，極めて安定であることも明らかとなった（図5・2）．すなわち，POと同様の条件で

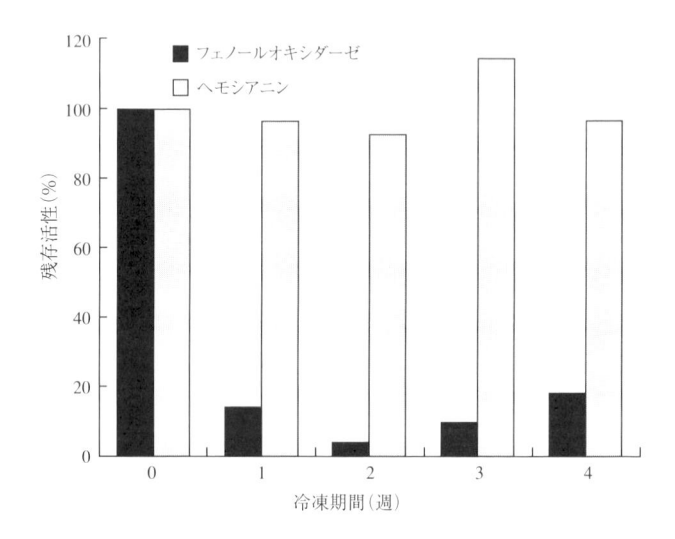

図5・2 クルマエビのフェノールオキシダーゼ様活性の変化
フェノールオキシダーゼは1週間凍結後にはほとんど失活するが，ヘモシアニン由来フェノールオキシダーゼ様活性は4週間後も安定である．

図5・3 クルマエビフェノールオキシダーゼと他のタンパク質との類縁関係
クルマエビフェノールオキシダーゼは，甲殻類ヘモシアニンと強い類縁関係にある．

4週間まで凍結し,経時的に解凍してそのPO様活性を測定したところ,ヘモシアニンのPO様活性は4週間後にも全く低下していなかったのである.もっとも,ヘモシアニンのPO様活性はPOと比べてかなり低く,約5分の1である.しかし,ヘモシアニンは血漿タンパク質の約90％をしめ,POの約1000倍量が溶解している.したがって,活性の低さを考慮しても,ヘモシアニンが漁獲後の黒変を引き起こす主要な因子である可能性が極めて高いと考えられる.

§4. ヘモシアニンによるメラニン生成

ヘモシアニンは甲殻類や鋏角類の血リンパに溶解している呼吸色素タンパク質である.極めて大きな多量体構造を保持して酸素を運搬しており,銅を含むため酸素と結合すると青色を呈することはよく知られている.近年多機能タンパク質として作用していることが明らかになり,注目を浴びている.すなわち,酸素運搬作用だけでなく,脱皮ホルモンエクジソンの運搬作用[8],抗菌ペプチドの前駆体[9],浸透圧調整[10]など様々な機能が報告されている.ヘモシアニンがPO様活性を有しているとしても,通常はその活性を示すことはないと考えられる.常に活性を示すとすると,どのエビも生きているときから黒色を呈することになるが,そのようなことは認められない.POは必要に応じて活性化されると前述したことと同じである.ヘモシアニンのPO様活性を見いだした上

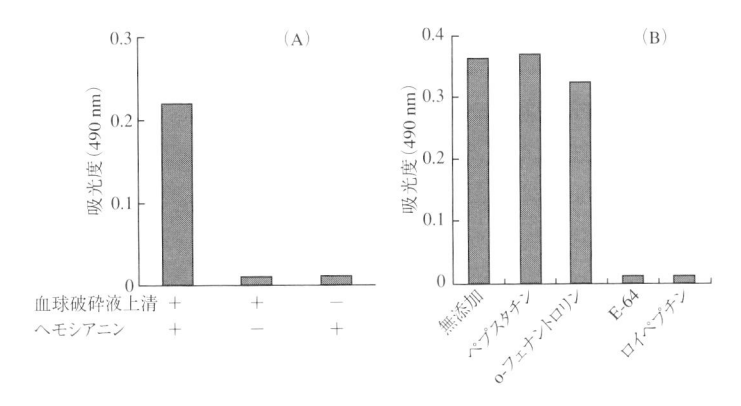

図5・4 血球中の因子によるヘモシアニンのPO様酵素への活性化
（A）ヘモシアニンあるいは血球破砕液上清にDOPAを加え,DOPAクロムの生成を490 nmでモニターした.
（B）上記の反応系に各種のプロテアーゼ阻害剤を添加し,同様に490 nmでモニターした.

記の実験では，proPOの活性化に用いられている低濃度のSDS（0.1％）を添加してPO様活性を惹起した．したがってエビの体内で本当にヘモシアニンが貯蔵中にPO様活性をもつようになり黒変を引き起こしているかは不明であった．そこで，ヘモシアニンを活性化する因子がエビ中に存在するのか調べてみた．その結果，血球中にヘモシアニンを活性化する因子が存在することがわかった[11]．図5・4に示したように血球破砕液の上清中の因子により，ヘモシアニンはPO様活性を示すようになる．ロイペプチンあるいはE-64などのプロテアーゼ阻害剤存在下では活性化が認められないことから，本因子はプロテアーゼと考えられる．

§5. メラニン生成の促進機構

　前述のように冷凍エビは解凍すると速やかに黒変する．一方，ヘモシアニンのみならずPOによるメラニン生成でも *in vitro* ではその生成速度は極めて遅く，速やかな黒変をこれらの酵素だけが担っているとは考えにくい．事実，*in vitro* における活性化ヘモシアニンの活性評価はDOPAとの反応で生成するメラニン中間体DOPAクロム生成をモニターして行うが，この中間体は長時間放置した場合にのみ黒色のメラニンに変化し，短時間では赤茶色の中間体のままである．したがって，エビ体内にはDOPAクロムをメラニン生成に導く何からの促進因子があると考えられる．筆者らはメラニン生成を促進する因子を見出した（Melanosis Collaborating Factor：MCF）[3]．この因子は分子量160 kのタンパク質性の高分子で，特筆すべき性質としてその低温安定性がある．図5・5に示したように，MCFはヘモシアニンと協調して，約3倍の効率でメラニン生成を促す．また，－25℃で3ヶ月凍結保存してもその促進活性は80％以上残存する．すなわち，MCFは凍結解凍エビ中でもその活性をほとんど維持し，ヘモシアニンによる黒変に重要な役割を担っていると考えて差し支えないであろう．クチクラ，血漿，血球いずれにもその活性が見られることから部位に関わらず黒変に関与していると考えられる

　以上のように，MCFはメラニン生成を促進するが，これはDOPAクロム生成以後の反応を促進しているのであり，チロシンあるいはDOPAからの生成を促進しているわけではない．筆者らは，クルマエビヘモシアニンはPOと同様

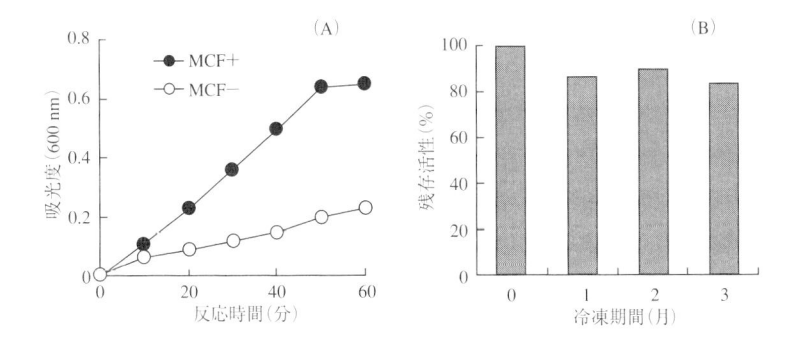

図5・5 MCF(Melanosis Collaborating Factor)のメラニン生成促進作用と低温安定性
(A) ヘモシアニンとDOPAの反応系にMCFを添加すると,メラニンの生成効率は3倍に上昇する.
(B) 凍結(−25℃)解凍後のMCFの残存活性.3ヶ月後にも80%以上の活性を維持している.

にモノフェノールのチロシンと反応してDOPAクロムを生成することをはじめて見出しているが,実際のエビではメラニンの基質として何が利用されているかは不明である.また,$in\ vitro$ではヘモシアニンによるDOPAからDOPAクロムの生成は迅速に観測されるが,チロシンとヘモシアニンとの反応は極めて遅く,MCFの添加によってもその反応速度はほとんど変化しない.しかし,エビ体内中でメラニン生成酵素の基質となる遊離アミノ酸として最も普遍的かつ多量(1匹当たり数mg〜数十mg)に存在しているのはチロシンであり,ジフェノール性の基質DOPAはヘモシアニンとの反応速度は大きいが実際のエビ体内にはほとんど存在していない(未発表).これらの事実も,解凍後の黒変が速やかであることの説明を困難にしており,さらに検討を要する問題である.しかし,基質としてチロシンの100分の1程度の濃度のDOPAが存在すると,チロシンはDOPAと同じ速度でDOPAクロムに変換される(未発表).したがって,エビ体内には微量のDOPAが存在し,それが主要な基質であるチロシンの酸化を促進しているのではないかと考えている.

§6. ヘモシアニンの分布

貯蔵中におけるメラニンの生成は,時間が経過すれば筋肉を除きエビの多くの部位で起こる.ヘモシアニンは肝すい臓や血球で発現し,血リンパに溶解し

て全身に運搬されるため，多くの部位で黒変が見られるのは不思議ではない．しかし，外骨格のクチクラにおける黒変も同様な機構によるものであろうか．外骨格での黒変は，胸頭部のみならず，脚部，尾部にいたるまで認められるが，ヘモシアニンの遺伝子発現はこれらの外骨格では認められない[12]．しかし，図5・6に示したように，抗ヘモシアニン抗体を用いた免疫組織化学的染色で調べてみた結果，ヘモシアニンはクチクラの内層膜に薄く広く分布していることが明らかとなった[12]．したがって，肝すい臓などで発現したヘモシアニンが何らかの機構で内層膜に運搬され，メラニン生成に関与していると考えられる．外骨格の基底部は内皮で覆われており，内皮細胞同士はseptate junction（脊椎動物のtight junctionに機能的に相同）で密着結合している．このため細胞間をヘモシアニンが通り抜けることはかなり困難である．したがって，ヘモシアニンは血リンパから単なる拡散によって外骨格に輸送されたのではなく，何らかの輸送体を使って能動的に輸送された可能性が高い．外骨格のヘモシアニンがどのような機構で活性化されるかは不明である．

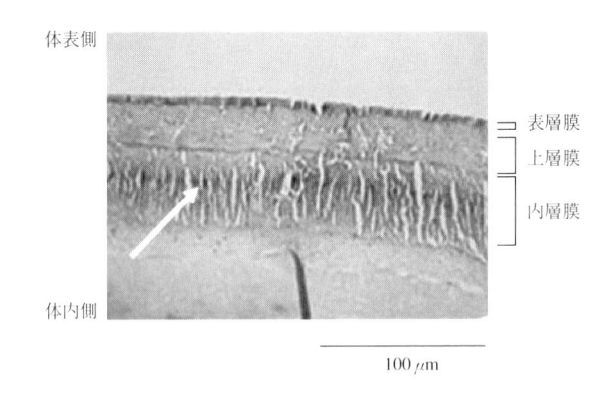

図5・6　クチクラ中のヘモシアニン
ヘモシアニン抗体でクチクラを染色した．内層膜に認められる黒い帯がヘモシアニンで，白い矢印で示した．

§7. 黒変の防止

以上のように，甲殻類，特に凍結解凍したエビ類の黒変はヘモシアニンとその周辺因子によって引き起こされている可能性が高い．したがって，黒変を防

止するにはこれらの因子の作用を抑制することが重要であるが，これら因子に特異的に作用して効果的に黒変を防止できる手段は知られていない．

そこで，ヘモシアニンあるいはその周辺因子の活性抑制を指標に検討を重ねた結果，二酸化炭素がヘモシアニンの活性を効果的に抑制することが明らかになった．すなわち，精製あるいは粗ヘモシアニン溶液に30～100％の高濃度二酸化炭素を通気すると，PO様の活性は著しく低下する．二酸化炭素は水溶液に溶解すると炭酸を生成して溶液のpHを低下させる．しかし，緩衝液を用いて二酸化炭素による低下と同程度にpHを調整しても，活性は低下しない．もちろん，二酸化炭素で低下したpHを中性域まで戻してもいったん低下した活性は元に戻らない．これらの事実は，二酸化炭素がヘモシアニンを不可逆的に不活性化する作用を有することを示唆するものである．ヘモシアニンがどのような機構でフェノール類の酸化を触媒しているかは明らかではない．しかし，ヘモシアニンは酸素運搬タンパク質であるため酸素結合部位が存在し，そこに結合した酸素が基質と反応すると考えられる．二酸化炭素で処理したヘモシアニンと未処理のヘモシアニンの蛍光スペクトルを比較すると，処理によりタンパク質の3次構造の変化が起こっていることが示唆された．血中では酸素が組織に運ばれて消費されると二酸化炭素が発生するので，ヘモシアニンは常に二酸化炭素に暴露されている．したがって，生理的な濃度では，二酸化炭素に耐性があるが，30～100％の高濃度の二酸化炭素を溶液に直接溶解した場合には，不可逆的な変化がおこり，活性を失うと考えられる．

これまでも二酸化炭素は，甲殻類を取り巻く微環境から酸素を排除するための気体として検討され，その効果はすでに確認されてきた．窒素にも酸素排除効果があることから，二酸化炭素も同様な効果を有することは容易に予測できたことである．しかし，ヘモシアニンの活性を不可逆的に不活化することは知られておらず，極めて興味深い．以上のように，二酸化炭素は単離した水溶液中のヘモシアニンの活性を制御することが明らかになったが，甲殻類そのものに含まれているヘモシアニンにも同様な効果を期待できるだろうか，ひいては甲殻類の黒変の防止に効果があるであろうか．このことを明らかにするために，ホッコクアカエビに対して二酸化炭素置換包装を施した結果，*in vitro*の実験で期待されたように，実際の流通形態に近い包装エビの黒変防止にも二酸化炭

素が有効に作用することが明らかになった．二酸化炭素置換包装に関する詳細は10章で紹介されている．

以上のように，ヘモシアニンは甲殻類のポストハーベストにおいて黒変を惹起する重要な変質因子であることが明らかになってきた．黒変は凍結解凍甲殻類で特に著しいが，これは凍結解凍にともない顆粒球中に存在する各種の活性化因子が血漿中に放出され，ヘモシアニンを活性化するためであると考えられる．外骨格に存在するヘモシアニンの場合も，凍結中に成長した氷結晶によって組織が破壊され，解凍後に活性化因子と接触すると考えられる．これらの黒変プロセスは，本章で紹介した筆者らの実験を総合的に判断すると，極めて妥当な仮説である．しかしながら本当にヘモシアニンが甲殻類の黒変因子であるかどうかについて，直接的な証明はなく，今後さらに詳細な研究が待たれる．

文　献

1) L. Cerenius, and K. Soderhall : The prophenoloxidase-activating system in invertebrates, *Immunol Rev.*, 198, 116-126 (2004).

2) C. Y. Huang, B. M. Christensen, and C. C. Chen: Role of dopachrome conversion enzyme in the melanization of filarial worms in mosquitoes, *Insect Mol. Biol.*, 14, 675-682 (2005).

3) K.Adachi, T.Hirata, A.Fujio, T.Nishioka, and M. Sakaguchi : A 160-KDa protein is essential for hemocyanin-derived melanosis of prawn, *J.Food Sci.*, 68, 765-769 (2003).

4) K. Adachi, T. Hirata, K. Nagai, S. Fujisawa, M. Kinoshita, and M. Sakaguchi: Purification and characterization of prophenoloxidase from kuruma prawn *Penaeus japonicus*, *Fisheries Science*, 65, 919-925 (1999).

5) K. Adachi, T. Hirata, K. Nagai, and M. Sakaguchi: Hemocyanin a most likely inducer of black spots in kuruma prawn *Penaeus japonicus* during storage, *J.Food Sci.*, 66, 1130-1136 (2001).

6) K. Adachi, T. Hirata, K. Nagai, A. Fujio, and M. Sakaguchi: Hemocyanin-related Reactions Induce Blackening of Freeze-thawed Prawn during Storage, In *"More Efficient Utilization of Fish and Fisheries Products"* (ed. by M.Sakaguchi), Elsevier, Amsterdam, Netherlands, 2004, pp.317-330.

7) T. Zlateva, P. Di Muro, B. Salvato, and M. Beltramini : The o-diphenol oxidase activity of arthropod hemocyanin, *FEBS Letters*, 384, 251-254 (1996).

8) E. Jaenicke, R. Föll, and H. Decker : Spider Hemocyanin Binds Ecdysone and 20-OH-Ecdysone, *ibid.*, 274, 34267-34271 (1999).

9) D. Destoumieux-Garzon, D. Saulnier, J. Garnier, C. Jouffrey, P. Bulet, and E. J. Bachère: Crustacean immunity: antifungal

peptides are generated from the c terminus of shrimp hemocyanin in response to microbial challenge, *ibid.*, 276, 47070-47077 (2001).

10) R. J. Paul, and R. Pirow: The physiological significance of respiratory proteins in invertebrates, *Zoology*, 100, 319-327 (1998).

11) K. Adachi, T. Hirata, T. Nishioka, and M. Sakaguchi: Hemocyte components in crustaceans convert hemocyanin into a phenoloxidase-like enzyme, *Com. Biochem. Physiol. B*, 134, 135-141 (2003).

12) K. Adachi, H.Endo, T. Watanabe, T. Nishioka, and T. Hirata1: Hemocyanin in the exoskeleton of crustaceans: enzymatic properties and immunolocalization, *Pigment Cell Res.*, 18, 136-143 (2005).

6章 養殖マダイのメラニン
ーその誘発因子と化学的定量

足立亨介[*1]・家戸敬太郎[*2]

マダイ *Pagrus major*（タイ科マダイ亜科マダイ属）は北海道東，北部および沖縄を除く日本近海各地に分布し，また朝鮮半島南部，中国および東南アジアにかけて広く分布する．生息水温は10〜30℃と幅広い[1]．野生のマダイは側線付近より上部が非常に鮮やかな紅色を呈する．マダイは海産魚の養殖研究で最も古い歴史をもち，19世紀後半に人工孵化および稚魚飼育が試みられたとの記録もある[2]．量産および事業化が始まったのは，1960年代半ばからで，1970年に初めて農林水産統計年報に460 tの生産量が記録されている[2]．マダイに限らず食品の商品価値を決定する要素として，味，香り，テクスチャー，形，色合いがあげられるが，中でも養殖マダイでは特に色合いが重視される．マダイはカロテノイド類を多く含む甲殻類を摂取するため，鮮やかな橙色を呈するようになる（図6・1A　カラー口絵）[3,4]．このため養殖されたマダイでは，出荷前の数ヶ月はアスタキサンチンを含んだ配合飼料によって色揚げを行いその見栄えをよくする[2-4]．一方，この鮮やかな色彩を妨げるのが黒い色調による変色である．天然のマダイは水深30〜150 mという太陽光，紫外線の影響のほとんどない場所で生息するが，養殖用の水深5〜10 mほどの生簀で飼育されたマダイは紫外線の影響を受けて日焼けをおこし著しく黒変する[2-6]．黒変したマダイは商品としての価値が下がってしまうことから，一般には黒いシートで生簀を遮光することによってこの日焼けを防いでいる．養殖されたマダイはこの日焼け以外の要因によっても黒変する．例えば稚魚は全て同じ条件で飼育されるが，種苗として出荷する際に黒変個体は選別され廃棄されている．その数は全体の10〜15％にも及ぶこともある．

[*1] 近畿大学水産研究所，現 日本水産(株)中央研究所
[*2] 近畿大学水産研究所

黒変の原因は体表のメラニンの蓄積によるものであるが，マダイに限らず魚類のメラニンとその周辺因子は特有の性質をもつ．例えば魚類は黒色素胞中の色素顆粒にメラニンを蓄積するが，黒色素胞は細胞内の色素顆粒の所在を変化させることで，秒単位で形を変化させることができる[7]（図6・2）．これに従ってマダイは劇的に体色を変化させることが可能となる．ここで重要なのは体表中の黒色素胞で動的な変化が起こっても，それは黒色素胞中でメラニンをもった色素顆粒がその位置や密度を変化させているだけであることである．したがって生体中で含まれるメラニンの量は変わらないはずである．これはマダイの死後も同じである．魚類では死後およそ1時間程度，色素胞は生命活動を維持していてこの間は取り扱い方によって体色は変化する[5]．しかしながら時間がたつとこの支配が失われ，黒色素胞は自然に拡散し，暗化する．この間も体表中のメラニンの量は全く変わっていない．しかしながらわれわれは活魚を扱う際に，瞬間的な見た目でその商品価値を判断する．それ故に例えばメラニンを多く蓄積したマダイが色素顆粒を凝集させている際に，それが変色のない綺麗なマダイだと誤解してしまうことがある（図6・1B～D　カラー口絵）．この場合は輸送中，もしくはマダイを〆た後に，体色が黒化して初めてマダイがメラニンを蓄積している事実に気がつくことになり，取引をするうえで無用の軋轢を招きかねない．体色を評価する手段として色彩色差計を用いたパラメータ表示が行われている例もあるが，あまり一定した結果は得られない．これは測定時に黒色素胞の凝縮・拡散の度合いが安定していないことが原因の1つと考え

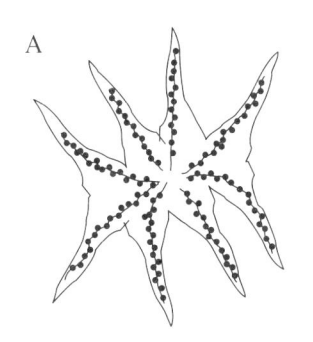

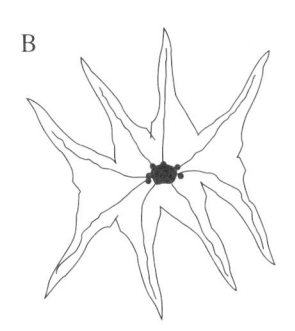

図6・2　黒色素胞の動態モデル
A．色素顆粒の拡散した状態の黒色素胞．この際魚類の体色は暗化する．
B．色素顆粒の収縮した状態の黒色素胞．この際魚類の体色は明化する．

られる.

　そこで筆者らが目をつけたのはごく単純にマダイの皮膚中のメラニンを定量することである.前述のようにマダイは黒色素胞を瞬間的に収縮・拡散することで体色を変化させる.しかしながら,このような短期間では黒色素胞の形が変わろうとも中に含まれるメラニンは生合成や代謝,排除を受けたわけではないので,その量は変わらない.それ故,黒色素胞の動態というとらえどころのない生命現象のパラメータを外してその色彩を非常に簡明かつ客観的に評価することができると考えた.

　メラニンは不溶性のポリマーでありその構造は不規則で定量することは非常に困難であると考えられてきたが,近年になって藤田保健衛生大学衛生学部の伊藤,若松によってメラニンの化学的分解物を指標にこれを定量する手法が確立された.先生方との共同研究として,またさらには近畿大学における文部科学省COEプログラム「クロマグロ等の魚類養殖産業支援型研究拠点」の一環として,筆者らは養殖マダイの黒変という伝統的な研究テーマを全く新しい切り口で研究することができた.本章では筆者らが実際の養殖現場でのマダイの黒変の現状と測定を行ったメラニン量を関連付けて解説できれば,と考える.

§1. 魚類のメラニンについて

　マダイ変色の原因物質はメラニンである.魚類のメラニンは黒色素胞という細胞で合成される.ヒトなどの定温脊椎動物ではメラニンは合成された後に表皮の角化細胞に移行するが,魚類などの変温動物ではメラニンを産生した細胞が引き続きこれを保持する[7].さらにメラニンは黒色素胞中で色素顆粒に含まれ,通常この顆粒は細胞体で放射状に伸びた微小管の構成中心から末端まで,あるいは末端から中心まで移動可能である.外部から内分泌系や神経系の刺激によってこの顆粒が微小管上を移動し,中心部へと凝集すると魚類体表面の色素顆粒の占める面積が減少し,魚類体表の色調は明るくなる.反対にこの顆粒が微小管末端まで拡散すると黒い色調が際立つようになる.顆粒の移動は微小管に沿ってなされ,微小管構成タンパク質であるチューブリンが移動のレールとなりモータータンパク質であるキネシン・ダイニンが色素顆粒を運ぶ.それ故,黒色素胞を収縮・拡散させることで瞬間的に体色を変化させることができ

る（図6・1 カラー口絵）．黒色素胞の収縮・拡散を制御するのは内分泌および神経系の構成因子である[7]．

§2. メラニンの生合成経路とユーメラニン・フェオメラニン

図6・3に脊椎動物におけるメラニンの生合成経路を示す[8]．詳細は4章に詳しいので其方に譲る．本章で重要なのはメラニンには黒色-黒褐色で不溶性なユーメラニンと赤褐色-黄色でアルカリに可溶なフェオメラニンが存在するということ，そして魚類を含む変温動物ではフェオメラニンの所在が確認された例がないということである．これらの反応は全て黒色顆粒中で進行し，メラニンが蓄積する（図6・3）．

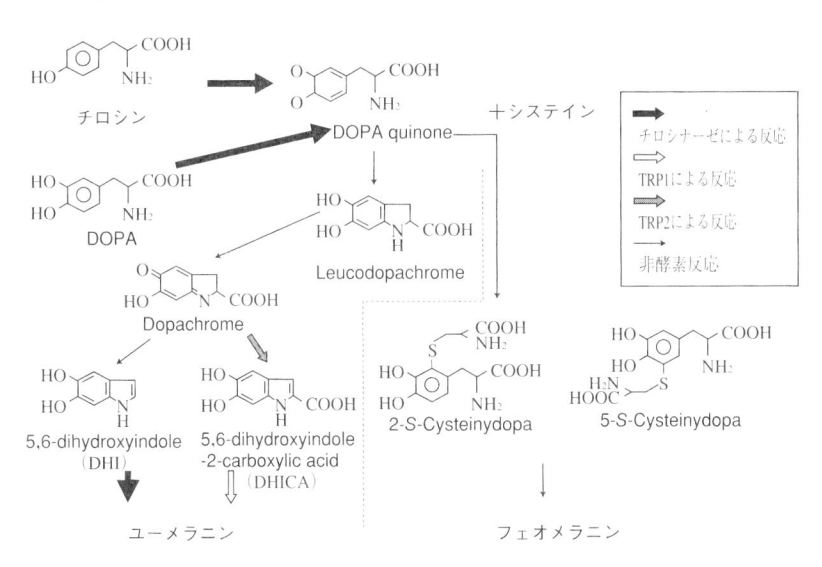

図6・3 脊椎動物のメラニン合成経路．魚類ではフェオメラニンの存在は確認されていない．

§3. 魚類を黒変させる要因について

3・1 太陽光（紫外線）

養殖マダイの黒変の最も大きな要因とされるのは恐らく太陽光（紫外線）であろう．マダイは通常水深30～150 mで生息する．海水中での紫外線の影響がどの水深まで及ぶかは海水のクロロフィル量や有機物濃度に依存するが，

Smith and Baker は 30～50 m の水深には海表面のわずか1％の紫外線しか到達しないことを示しており，天然のマダイはほとんど紫外線の影響を受けていないと考えてよい[9]．しかしながら深さ5～10 m 程度の生簀で飼育したマダイは黒変する．対策としては黒いカーテンで生簀を遮光すれば，この変色は抑えられることから，マダイは筆者らの言う日焼けをしていることになる．筆者らはこの日焼けしたマダイと遮光飼育したマダイ，および天然で生息するマダイの皮膚中に存在するユーメラニンおよびフェオメラニン量を測定した．その結果，日焼けマダイの背中の2ヶ所，および胸鰭のあたりでは遮光および天然マダイと比して約5倍量のユーメラニンのマーカーである PTCA（pyrrole-2,3,5-tricarboxylic acid）が検出された[6]（図6・4）．これに対しフェオメラニンのマーカーである 4-AHP（4-amino-3-hydroxyphenyalanine）はどの試験区においても検出限界以下，もしくは有意な数値を示さなかった[6]．なお，これまでに魚類を含む変温動物においてフェオメラニンの存在が示された例はない．

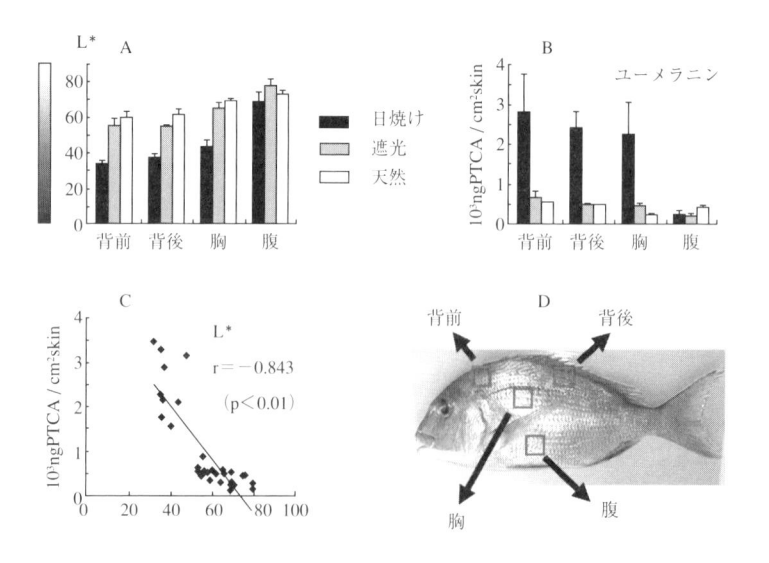

図6・4　マダイ皮膚中のメラニン定量．生簀で太陽光に暴露されたマダイ（日焼けマダイ），遮光飼育したマダイ（遮光）および天然のマダイ（天然）からDに示す四部位の皮膚を調製し，そのL*値（明暗の指標：A）およびPTCA値（ユーメラニンの化学的分解物：B）を測定した結果．両者は高い相関を示す（C）

日焼けしたマダイの組織染色においては真皮と表皮に黒色素胞の存在が観察され，後者により多くの黒色素胞が観察された．また日焼けしたマダイ表皮中の黒色素胞は遮光したものおよび天然のマダイに比べその数も増え，中に含まれるメラニンの量も増えていることがわかった[6]（図6・5）．

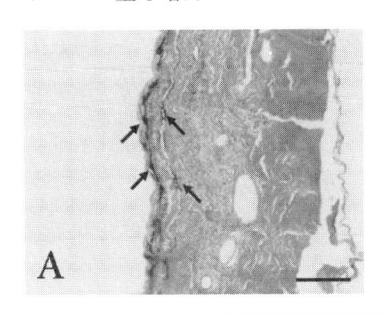

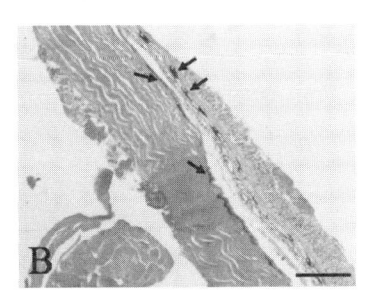

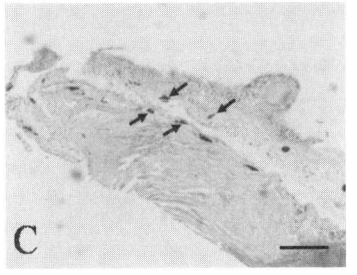

図6・5　図6・4の背前部位の組織切片．A．日焼けマダイ　B．遮光マダイ　C．天然マダイ

3・2　低水温

養殖現場では経験的に夏場より冬場の方がマダイの色が黒いことが知られている．しかしながらそれが単に水温による影響のみを受けての変色か否かの実験的証明はこれまでになかった．筆者らは平均全長6 cmの稚魚マダイを10℃および22℃で2ヶ月間飼育し，その変色度合いを色彩色差形によって測定した．結果，明暗度の指標であるL*値が低温飼育したマダイにおいて対照区と比して有意に低い値が得られた[10]（図6・6A　カラー口絵）．本実験では水温以外の外的要因（光周期，塩分濃度，炭酸ガス濃度，酸素濃度）は全く同一であるため，低水温自体がマダイの黒変に影響したと考えられる．また筆者らはこれらの実験区の血液検査も行ったが，検査した全ての項目において（GOT，GPT，ALP，γ-GTP，総ビリルビン，間接ビリルビン，直接ビリルビン，お

よび胆汁酸）有意な差は認められなかったことから，何らかの疾病が関与している可能性も低いと考えられる．冬場に水温が例年より低い（13℃以下）状態が長く続く場合にまれに黄色い稚魚が出現することがあるが，これはユーメラニン，フェオメラニンいずれの蓄積によるものでもないこともわかった[10]（図6・6B　カラー口絵）．また血液検査の結果からビリルビンの異常値によるものでもないことも示されている．さらに先の低温飼育の実験からこの黄化マダイの出現要因は水温のみによるものでもないこともわかる．

3・3　背景色

マダイは生簀の色に応じても体色を変化させていることが経験的に知られている．すなわち，海藻が生簀に付着し，暗くなった環境で飼育されたマダイや黒いポリカーボネート水槽で飼育したマダイは黒変する．また逆に白色や明るい色の水槽で飼育したマダイは色の薄いマダイとして生長する．これらからマダイが周囲の色を認識し，体色を変化させる何らかの機構をもっていることが推察される．メダカを黒背景で飼育すると数日後から皮膚中の黒色素胞密度が増加し，1ヶ月後には鱗1枚当たり50個程度になる．このメダカを白背景で飼育すると，黒色素胞密度は鱗1枚当たり数個まで減少する[7]．この黒色素胞密度の変化は可逆的であり，その減少はアポトーシスによることが示されている．他の要因に比して背景色が魚類の体色に影響を与えるという研究は恐らくは最も多くの報告例がある[11-15]．

3・4　疾病，ストレス，飼育密度

2006年春にマダイの稚魚が大量に斃死したことがあった．筆者らはこのマダイを「黒しけマダイ」と呼び，血液検査を含めた様々な項目を調べたが，肝臓が小さいこと以外に健康なマダイと差異は見られなかった．このマダイは見た目が黒く，実際に顕微鏡で観察すると黒色素胞の数も増え，ユーメラニンの蓄積も見られた（図6・7　カラー口絵）．結局この大量斃死の原因とメラニン蓄積との因果関係は未解明のままであるが，疾病をかかえたマダイがストレスをうけ，何らかの神経系作用によってメラニンを蓄積した可能性が高いと考えている．またマダイは飼育密度が高くなると，黒変する傾向があることが経験的に知られている．これも同様にマダイがストレスを受けた結果，疾病時と同じシステムが働いてメラニンが蓄積したものと考える．

3・5 性成熟

雄のマダイは産卵期（3〜6月）に主に頭部が黒変する．雌にはこのような変色は観察されない（図6・8 カラー口絵）．アンドロゲンとメラニンとの関係については哺乳類，両生類などで古くから報告があるが，魚類においてその関連を詳細に検討した例は皆無といってよい．筆者らは現在メラニン量と血中アンドロゲン濃度の相関性を周年的に解析中である．

§4. 黒変機構解明のアプローチ

筆者らは上記に示したように様々な外的な，もしくは内的な初発要因とメラニン蓄積というアウトプットのみを解析してきたが，実際のところ両者を結ぶところで非常に基礎的な問題が明らかになっていないことが多くあると感じている．

まずマダイの日焼けは太陽光中の紫外線による日焼けとされているが，いったいどれだけの紫外線に暴露されているのかはわからない．筆者らが簡便な測定器を使って紫外線量を測定したところ，実は生簀では大部分の紫外線は海表面で減衰する．実際にマダイがどれだけ紫外線に暴露されているのか定量することは難しい．なぜなら紫外線量は時々刻々と変化するものであり，その海水中での減衰率もクロロフィル濃度や有機物濃度に依存して変化する．さらにマダイは生簀内で動き回る．結局は紫外線を探知できるロガーを使うしかないのだが，これは（今のところ）大変な設備を要する．

また他の養殖魚も同じ深さの生簀で飼育されている（同じ紫外線量に暴露されているはずである）にもかかわらず，マダイ以外で日焼けが問題となる養殖魚をあまり聞かないのも筆者らは不思議に思っている．近縁種であるクロダイは元の色が黒いためかあまり日焼けは問題とならない．Fukunishiらの実験によると稚魚期においてマダイはクロダイに比べてUV-Bへの耐性が弱い（暴露後の死亡率が高い）上に，その回避能力が低いとされているため元から暴露量が少ないのかもしれない[16]．またヨーロッパでも色の黒いヨーロッパヘダイでは（Gilthead seabream：*Sparus aurata*）では日焼けは問題視されない一方で，赤いヨーロッパマダイ（Common seabream：*Pagrus pagrus*）では日焼けが問題になっているということである（私信）．1つの可能性としてマダイのもつ

"人懐っこさ"が日焼けの大きな原因になっているとも考えられる．マダイは人間が給餌に向うと人影を察してか頭部を海面から露出させた状態で待っている．この状態では頭部は紫外線に暴露されており，この行動様式によって日焼けが進行しても不思議ではない．

また黒色素胞の収縮・拡散（A）とその分化，増殖およびメラニンの蓄積（B）は全く異なる生物学的プロセスであることを理解する必要があると感じる．（A）はモータータンパク質によって色素顆粒が運ばれるプロセスであり，（B）は幹細胞が分化して黒色素胞の数が増えたり，または黒色素胞中でチロシナーゼがはたらいてメラニンの量が増えたりする過程である．時間スケールで見ても（A）は秒，もしくはもっと短い単位の現象であるのに対し，（B）は時間，もしくは日単位の現象である．一般に色素胞の運動性によって生じる体色変化は生理学的体色変化と呼ばれ，皮膚中の色素胞の数や細胞内色素量が増減する現象

収縮 ←　生理学的体色変化（A）　→ 拡散

↕ 形態学的体色変化（B）

メラニンの蓄積　　　黒色素胞の増殖

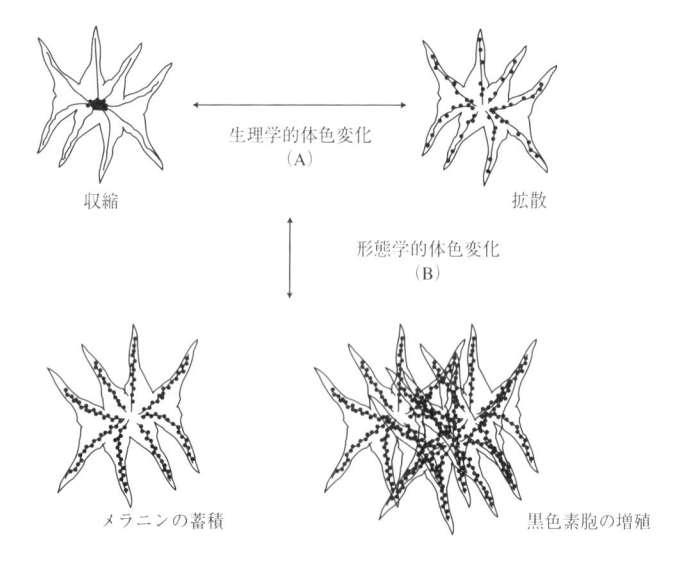

図6・9　体色変化と黒色色素胞の関係．魚類は2種類の体色変化，A）生理学的体色変化，B）形態学的体色変化ができる．図6・1（カラー口絵）のB−C−Dは短期的な変化であり，生理学的体色変化に該当する．一方，図6・1Aの天然マダイを生簀で太陽光に暴露した状態で数ヶ月飼育してみれば，図6・1Dの状態になる．こちらが形態学的体色変化にあたる．図6・5Aと図6・5Cにおいて形態学的に変化が起こっているのがわかる．メラニンの蓄積が確認できるのは形態学的体色変化においてのみである．

を形態学的体色変化と呼ばれる．言うまでもないが，メラニンの定量は形態学的体色変化の指標になる（図6・9）．

　この2つのプロセスは全く異なる現象であるとはいえ，魚類おける背地適応ではこの2つの現象は地続きであると考えられている．すなわち，黒い背地で飼育すれば，瞬間的には黒色素胞は拡散を持続し，これが色素量や黒色素胞の増加につながる．この2つの体色変化が背地適応以外の局面でもリンクするかどうかは科学的な裏づけはない．またこの異なる現象のスイッチがいかに切り替わるのかに対しても全く情報がない．

　また上記の要因を受動する機構，さらにはそれを体内で発現させる内分泌，および神経系などのメカニズムがマダイではよくわかっていない．魚類におけるこれらの知見は別の総説に詳しいので其方を参考にされたい[7]．また，本章では紙面の都合で遮光以外の黒変防御手段に触れることができなかった．塩化カリウム水溶液の噴霧，低温貯蔵，暗所貯蔵，および脊髄破壊を利用したマダイの生理学的体色変化の制御について先に本シリーズで潮[5]によってまとめられているので，こちらも是非ご参照いただきたい．

　マダイは日焼け以外にも様々な要因で黒変する．それを評価する方法としてメラニンを定量することが非常に有用な手段になることが示された．これは魚類黒色素胞の形態学的体色変化の1つの指標となりうる．魚類のメラニン生成メカニズムに関する研究は，生理・生化学はもちろんのこと，行動学まで含めたアプローチが必要となる．

謝　辞

　ここで述べた内容の一部は近畿大学COEプログラムの一環として行われた．またメラニン定量をしていただいた藤田保健衛生大学の伊藤・若松両教授にこの場を借りて心よりお礼申し上げます．

文　献

1) 落合　明・田中　克：マダイ，魚類学，恒星社厚生閣，1986，736-750．

2) 宮下　盛・瀬岡　学：マダイ・マチダイ，水産増養殖システム1　海水魚（熊井英水

編),恒星社厚生閣,2005,45-82.
3) 秦 正弘:魚介類の色素とその代謝,水産生物化学(山口勝己編),東京大学出版,2000,102-114.
4) 梅鉢幸重:カロチノイド,動物の色素-多様な色彩の世界,内田老鶴圃,2000,936 pp.
5) 潮 秀樹:マダイおよびイカ類色素胞と体色制御胞,水産物の品質・鮮度とその高度保持技術(中添純一・山中英明編),2004,102-112.
6) K. Adachi, K. Kato, K. Wakamastsu, S. Ito, K. Ishimaru, T. Hirata, O. Murata and H. Kumai: The histological analysis, colorimetric evaluation, and chemical quantification of melanin content in "suntanned" fish, *Pigment Cell Research*, 18, 465-468 (2005).
7) 大島範子・杉本雅純:魚類における色素細胞反応と体色変化色素細胞,色素細胞(松本二郎,溝口昌子編),慶應義塾大学出版会,2001,161-176.
8) 若松一雅・伊藤祥輔:メラニンの構造とその機能,色素細胞(松本二郎,溝口昌子編),慶應義塾大学出版会,2001,119-134.
9) R. C. Smith, and K. S. Baker: Optical properties of the clearest natural waters (200-800 nm), *Appl. Opt.* 20, 177-184 (1981).
10) 足立亨介・家戸敬太朗・若松一雅・伊藤祥輔・石丸克也・村田 修・熊井英水:低水温飼育によって誘発されるマダイ変色,水産増殖,54,31-35(2006).

11) H. Waring: Color change mechanisms of cold-blooded vertebrates, Academic Press, New York. 266 pp.
12) M. Sugimoto, N. Uchida, and M. Hatayama: Apoptosis in skin pigment cells of the medaka, Oryzias latipes (Teleostei), during long-term chromatic adaptation: the role of sympathetic innervation, *Cell Tissue Res*, 301, 205-16 (2000).
13) T. Yamanome, and M. Amano: White background reduces the occurrence of staining, activates melanin-concentrating hormone and promotes somatic growth in barfin flounder, *Aquaculture*, 244, 323-329 (2004).
14) T. Yamanome, M. Amano, N. Amiya, and A. Takahashi: Hypermelanosis on the blind side of Japanese flounder Paralichthys olivaceus is diminished by rearing in a white tank, *Fisheries Science*, 73, 466-468 (2007).
15) B. J. Doolan, M. A. Booth, P. L. Jones, and G. L Allan: Effect of cage colour and light environment on the skin colour of Australian snapper *Pagrus auratus* (Bloch & Schneider, 1801), *Aquaculture Research*, 38, 1395-1403 (2007).
16) Y. Fukunishi, R. Masuda, and Y. Yamashita: Ontogeny of tolerance to and avoidance of ultraviolet radiation in red sea bream Pagrus major and black sea bream Acanthopagrus schlegeli, *Fisheries Science*, 72, 356-363 (2006).

III. カロテノイド色素の生産と機能

7章　食品カロテノイドの吸収・代謝

長　尾　昭　彦*

　カロテノイドは長鎖の炭化水素に多数の共役二重結合をもつイソプレノイドであり，自然界には600種類以上存在すると言われている．食品にも多様なカロテノイドが含まれており（図7・1），食品に黄色から赤色の色彩をもたらし，フレーバーの前駆体ともなる食品成分である．また，プロビタミンAとして重要な栄養素であり，ラジカル捕捉活性および一重項酸素消去活性をもつ抗酸化物質でもある．さらに，抗酸化活性以外にも様々な生物活性が最近報告され，生活習慣病予防に寄与する食品成分として注目されている．しかし，疎水性の高い物質であるため，その生体利用性は限られおり，体内動態も不明な点が多い．本章では，食品カロテノイドの腸管吸収と代謝に関して概説する．

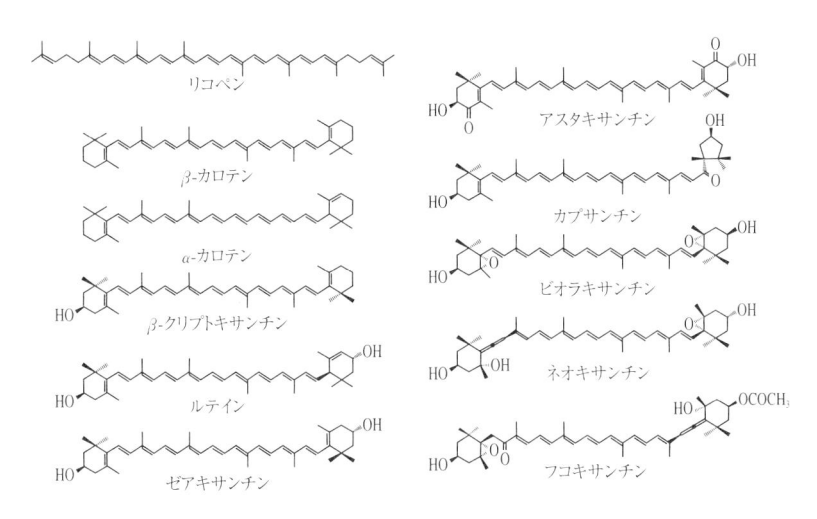

図7・1　食品に含まれる代表的カロテノイド

---

*（独）農業・食品産業技術総合研究機構　食品総合研究所

§1. 食品カロテノイドの腸管吸収

哺乳動物でのカロテノイドの蓄積は動物種によって著しく異なっていることが知られている．ヒトの組織にはルテイン，リコペン，β-カロテンなどが高い濃度で集積される．しかし，ラットなどの齧歯類では，カロテノイドの蓄積は非常に少ない．ウシやウマでは，ルテインなどのキサントフィルの蓄積が少なくβ-カロテンなどのカロテン類の蓄積が多い．また，ヒトは日常の食事から多様なカロテノイドを摂取しているが，血漿に含まれるカロテノイドの種類は限られている．腸管吸収や体内動態が動物種やカロテノイドの種類によって異なることが示唆されるが，その詳細は未だに明らかとなっていない．

食品として摂取されたカロテノイドは，食品からの遊離，消化管内での分散と可溶化，小腸上皮細胞への取り込みとリンパ液への分泌などの過程を経て腸管から吸収される（図7・2）．まず，摂取された食品が消化されるに伴いカロテノイドが遊離される．緑黄色野菜類にはカロテノイドが豊富に含まれるが固い細胞壁のため遊離されにくい．しかし，調理・加工によって組織が破壊されると遊離しやすくなり吸収性が改善される[1]．一般的に果実は野菜類に比べ組織が堅固でないため吸収性がよいことが知られている．このように，食品マトリックスがカロテノイドの遊離の段階で大きく影響する．

食品から遊離したカロテノイドは，同時に摂取される油脂に可溶化され消化管内で分散される．カロテノイドは疎水性が高いので，油脂などの媒体ととも

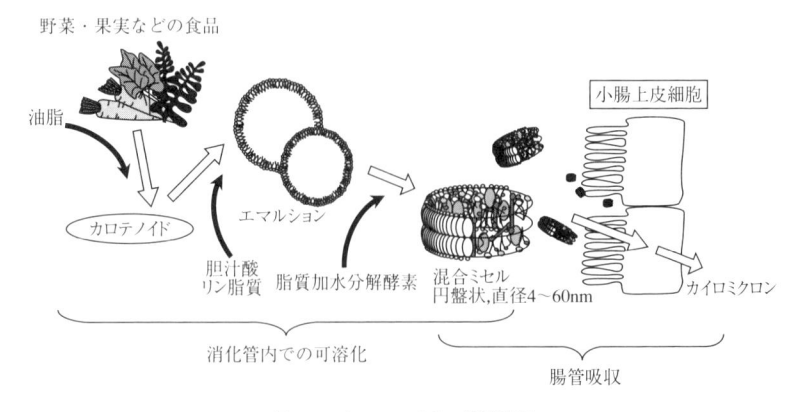

図7・2　カロテノイドの腸管吸収

に分散される必要がある．さらに，十二指腸に分泌される胆汁成分の胆汁酸やリン脂質（ホスファチジルコリン）は，直接的に，あるいは油脂の分散を促進することによって，カロテノイドの小腸管腔での分散性を高める．次に，膵液から分泌されるリパーゼや他の脂質加水分解酵素が油脂のエマルションに作用し，小さな粒径（6～50 nm）の混合ミセルが生成する．このミセルは，脂肪酸，モノアシルグリセロール，リン脂質，コレステロールおよび胆汁酸から構成される．外側を胆汁酸が取り囲んだ円盤状のミセルである（図7・2）．このミセルにカロテノイドが可溶化され，小腸上皮細胞から吸収されるものと考えられている．油脂が脂溶性ビタミンの吸収を促進すると言われているが，このように，油脂はカロテノイドの消化管内での分散および可溶化に重要な働きをしている．また，油脂の摂取による胆汁や消化酵素の分泌促進もカロテノイドの可溶化に寄与していると考えられる．しかし，カロテノイドは"脂溶性成分"ではあるが，油脂への溶解性は，β-カロテンで約0.1 %，ルテインで約0.02 %[2]とそれほど高くなく，他の脂溶性成分に比べ生体利用性が劣る一因であると考えられる．

混合ミセルに可溶化されたカロテノイドは小腸上皮細胞から吸収されるが，細胞への取り込みは単純拡散によるものと考えられてきた．取り込み量がカロテノイド濃度に依存して直線的に増加すること，温度依存性が見られないこと，放射性同位元素でラベルしたβ-カロテンの取り込みは非ラベルのβ-カロテンによって競合的な抑制がみられないことなどから単純拡散に従うものと考えられた．また，腸管混合ミセルに溶解した様々な食品由来カロテノイドのヒト腸管細胞モデルCaco-2細胞への取り込みが調べられ，疎水性が高いものほど細胞へ取り込まれやすいことが見出されている[3]．細胞膜を構成する脂質二重層の透過は疎水性が高いものほど速いという単純拡散の特徴とよく一致している．

カロテノイドの疎水性の他にミセル構成成分もカロテノイドの細胞への取り込みに大きく影響することが明らかにされている[3-5]．リン脂質として長鎖のアシル基をもつホスファチジルコリンがミセルに含まれる場合はカロテノイドのCaco-2細胞への取り込みが抑制され，その加水分解物であるリゾホスファチジルコリンは取り込みを促進する（図7・3）．リゾホスファチジルコリンの

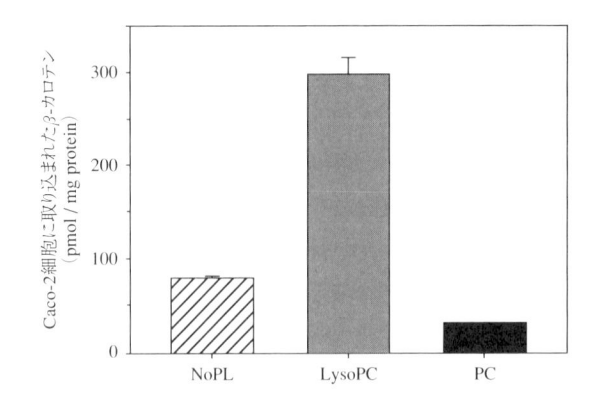

図7・3　β-カロテンのCaco-2細胞への取り込みに対するリン脂質の影響
NoPL：リン脂質不含ミセル，LysoPC：50 μM リゾホスファチジルコリン含有ミセル，PC：50 μM ホスファチジルコリン含有ミセル

アシル基が中鎖になると促進作用は弱くなる．一方，中鎖のアシル基をもつホスファチジルコリンは長鎖のものとは逆に取り込みを促進する．このように，リン脂質の作用がアシル基の長さに依存することから，その親水性－疎水性バランスがカロテノイドの取り込みに大きく影響するものと考えられる．長鎖アシル基－ホスファチジルコリンを含むミセルでは，可溶化されたβ-カロテンのUV吸収スペクトルがヘキサン中のスペクトルと比較し，長波長側にシフトし吸収強度が低下するなど著しく変形し，β-カロテンが特異な存在状態となっていることが示唆されている．また，長鎖アシル基－ホスファチジルコリン含有ミセルは細胞に蓄積されたβ-カロテンの漏出を顕著に促進することから，β-カロテンに対して強い親和性をもつことが示唆される．したがって，長鎖アシル基－ホスファチジルコリンの取り込み抑制効果は，β-カロテンが強い親和性でミセルに保持されることに起因するものと考えられる．ホスファチジルコリンはほとんど上皮細胞に吸収されないがリゾホスファチジルコリンは細胞へ取り込まれることが知られている．したがって，リゾホスファチジルコリンが細胞膜を透過する際に，その界面作用によって細胞膜の構造が影響を受けカロテノイドの透過性が促進される可能性が考えられる．

　カロテノイド以外にコレステロールやトコフェロールなどの脂溶性物質の腸管吸収においても同様なリン脂質の効果が報告されており，脂溶性物質の消

化・吸収を効率的に行うためにリン脂質が重要な生理的役割を担っているものと考えられる．すなわち，胆汁あるいは食品由来のホスファチジルコリンは消化管内で脂溶性物質を分散させる．腸管にそのままで存在するとカロテノイドを強い親和性で保持し吸収を妨害するが，膵液中のホスホリパーゼA_2によって加水分解されリゾ体になると疎水性が低くなり，逆に上皮細胞への吸収を促進する．リゾホスファチジルコリンは腸管細胞へ吸収されホスファチジルコリンなどへ代謝されることによって無毒化され回収される．

上記したようにカロテノイドの小腸上皮細胞への取り込みは単純拡散によるものと従来考えられてきたが，最近，スカベンジャーレセプタークラスBタイプI（SR-BI）などのレセプターがカロテノイドの腸管吸収に関与することが報告されている．SR-BIは肝臓に発現しHDL（high density lipoprotein）コレステロールを取り込むレセプターとして見出されていたものであるが，小腸にも発現し他の類似レセプターとともに種々の脂質の吸収に関与していることが示唆されている．SR-BIノックアウトマウスでは，高脂肪高コレステロール食下でのβ-カロテンの腸管吸収が野生型に比べ抑制されることが示されている[6]．また，ショウジョウバエにおいて，SR-BIと類似した2種類のスカベンジャーレセプターがそれぞれ腸および頭部神経細胞に発現しカロテノイドの取り込みとレチナール生成に関与していることが報告されている[7]．しかし，このようなレセプターが生理的条件下において，どの程度カロテノイドの腸管吸収に寄与しているか明らかではない．

小腸上皮細胞へ取り込まれたカロテノイドは，細胞内で合成されるトリアシルグリセロールとともにカイロミクロンに組み込まれてリンパ液中に放出され，体内への吸収が完了する．摂取した油脂の加水分解物はこのカイロミクロンの合成に用いられるので，この段階においても油脂はカロテノイド吸収に影響している可能性が考えられる．カイロミクロンは，その主成分であるトリアシルグリセロールがリポプロテインリパーゼによって分解され各組織に取り込まれ，カイロミクロンレムナントとなり肝臓に取り込まれる．その際，肝臓に取り込まれたカロテノイドは，一部がVLDL（very low density lipoprotein）に組み込まれ肝臓から分泌され，最終的にLDL（low density lipoprotein）となって各組織に取り込まれ蓄積されるものと考えられている．ヒト組織に検出される

主要なカロテノイドは，α-カロテン，β-カロテン，リコペン，β-クリプトキサンチン，ルテインおよびゼアキサンチンである．これらの血清中の濃度は～数百 nmol/l であり，摂取した食品のカロテノイドを反映している．肝臓，副腎，精巣などには血漿より高い濃度で蓄積され 10 nmol/g 以上にも達することが報告されている[8]．網膜の黄斑にはルテインとゼアキサンチンが特異的に蓄積されている[9]．

§2．カロテノイドの代謝

β-イオノン環をもつβ-カロテン，α-カロテンやβ-クリプトキサンチンなどはプロビタミンAと呼ばれるカロテノイドであり，体内でビタミンAへ代謝される．摂取されたプロビタミンAは小腸上皮細胞内でその一部がβ-カロテン-15, 15'-オキシゲナーゼによって分子中央の二重結合で酸化分解され，レチナールへ変換される[10]．レチナールはレチノールへ還元された後，レチノール脂肪酸エステルへ変換され，未変化のプロビタミンAや他のカロテノイドとともにカイロミクロンに組み込まれ，リンパ液中へ分泌される．小腸は，ビタミンAを合成する最も重要な器官であるが，β-カロテン-15, 15'-オキシゲナーゼは，肝臓，腎臓，脳，胃，精巣，および網膜色素上皮にも存在し[11]，血液からのレチノールの供給とは別に，各組織におけるβ-カロテンからビタミンAの合成に関与している可能性が考えられている．ビタミンAには過剰症が知られているがβ-カロテンを多量に摂取してもそのような症状は現れず，β-カロテンオキシゲナーゼ活性は厳密に調節されているものと考えられている[12, 13]．

β-カロテン-15, 15'-オキシゲナーゼと相同性の高い遺伝子として*BCO2* が見出されている．*BCO2* は，β-カロテンの9, 10位の二重結合を特異的に酸化開裂する反応を触媒し，β-10'-アポカロテナールとβ-イオノンを生成させる．また，プロビタミンAではないリコペンなどにも作用することが報告されている[14]．この非対称な酸化開裂反応は，レチノイン酸生成経路として従来から提唱されていたEccentric 開裂経路（任意の二重結合が開裂される）の反応に類似している．しかし，*BCO2* がEccentric 開裂経路に関与しているかは明確ではなく，また，その生理的役割はまだわかっていない．

ヒト血漿に含まれる主要なカロテノイドは上記したように6種類であるが，

Khachikらはヒト血清および母乳のカロテノイドを詳細に分析した結果，34種類（幾何異性体を含む）のカロテノイドを検出している．これらのうち9種類は食品にはほとんど検出されないことから代謝産物と推定されている．リコペンの代謝産物として，2,6-サイクロリコペン-1,5-ジオールを検出し，リコペンの酸化物であるリコペン-1,2-エポキシドから生成するものと考えられている[15]．ルテインの代謝産物としては，胃酸による脱水反応をうけて生成すると推定されるアヒドロルテイン（3-ヒドロキシ-3',4'-ジデヒドロ-β,γ-カロテンおよび3-ヒドロキシ-2',3'-ジデヒドロ-β,ε-カロテン）を検出している[16]．その他に，ルテインから酸化，還元および異性化をくり返して生成すると考えられる数種のルテイン代謝産物が検出されている[17]．

哺乳動物は，キサントフィルの水酸基に対する酸化的代謝変換活性をもつことが示唆されている．4,4'-ジメトキシ-β-カロテンを摂取したヒトの血漿を分析するとカンタキサンチンが検出されること[18]，また，パプリカの主要なカロテノイドであるカプサンチンを摂取したヒト血漿には3'位の水酸基がカルボニル基に酸化されたカプサントンが生成すること[19]からヒトはキサントフィルの2級水酸基を酸化的に代謝する活性をもつことが示唆される．ワカメやコンブなどの褐藻類の主要なカロテノイドであるフコキサンチンをマウスへ投与すると，消化管内での加水分解によって生成した脱アセチル化産物フコキサンチノールが血漿に現れる．また，フコキサンチノールの3位の水酸基が酸化されたアマローシアキサンチンAも血漿に検出され，フコキサンチンは存在しない[20]（図7・4）．この酸化反応は肝臓のミクロソーム画分に存在するNAD依存の脱水素酵素によって触媒されることが明らかにされている．したがって，哺乳動物はキサントフィルの2級の水酸基を酸化してカルボニル基に変換する代謝活性をもつと考えられる．フコキサンチンは実験動物において抗プロモーション活性や脂肪蓄積抑制作用を示すことが報告され，また，*in vitro*で種々のガン細胞にアポトーシスを誘導することが報告されるなど食品機能性成分として注目されている．体内では代謝産物であるフコキサンチノールやアマローシアキサンチンAとして存在するため，これらの代謝産物が生物活性に関与しているものと考えられる．*In vitro*では，代謝産物にアポトーシス誘導活性があることが明らかにされている．

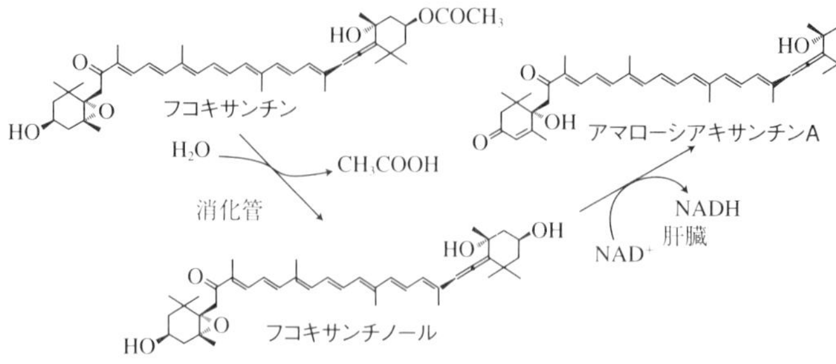

図7・4 マウスにおけるフコキサンチンの代謝

　カロテノイドは一重項酸素消去活性やラジカル捕捉活性をもち抗酸化作用を示す．一重項酸素消去は物理的消去が特徴であるが一部は化学的に反応する．また，酸素ラジカルはカロテノイドと付加物を生成する．その結果，エポキシドやエンドペルオキシドなどの炭素骨格を保持した酸化産物や，共役二重結合の酸化開裂により生成する低分子のカルボニル化合物など[21]の多様な酸化産物が生じる．例えば，リコペンを in vitro で自動酸化させると共役二重結合の任意の位置で酸化開裂し，リコペナールなどの鎖長の異なるカルボニル化合物が生成する．また，リコペン分子中央の二重結合の開裂によって，非環式レチナールや非環式レチノイン酸も生成する．このような酸化開裂産物が生体においても生成していることが示唆されている．アスタキサンチンを摂取したヒトの血漿中にアスタキサンチンの9, 10位での酸化開裂に由来する酸化産物が検出され[22]，また，ゼアキサンチンの酸化開裂産物として3-ヒドロキシ-β-イオノンと3-ヒドロキシ-14'-アポカロテナールがヒト黄斑に検出されている[23]．したがって，生体内での酸素ラジカルとの反応によって，鎖長の短い断片への酸化開裂と引き続く開裂産物の代謝が起きているものと考えられる．このような酸化産物は生体での抗酸化性を裏付ける現象として重要である．また，レチノイドと化学構造が類似したものも含まれ生物活性をもつ可能性が考えられている．

　体内に蓄積されたカロテノイドは徐々に分解され排泄されていく．ヒト血漿でのカロテノイドの半減期は，アスタキサンチンで16時間，カプサンチンで20時間と報告されている．通常血漿に検出されるカロテノイドでは，ルテイン

で10日,β-カロテンで6～11日,リコペンで5日あるいは9日と報告されており,極性の高いカロテノイドほど半減期が短いことが示唆されている。ルテインをヒトに投与し吸収・代謝を解析した結果では,腸管から吸収されたルテインの約10分の1は何らかの形で尿中に排泄されることが示されている[24]。また,ヒト胆汁にカロテノイドが分泌されていることが報告され[25],腸肝循環の可能性が考えられる。したがって,体内に蓄積されたカロテノイドが,未変化のまま,あるいは代謝産物として尿や便へ排泄され,また,一部は,上述したような代謝や未知の代謝変換を受けて消失していくものと考えられる。

上述したように,カロテノイド吸収に関与するレセプター,9,10位の二重結合を特異的に開裂する酵素やキサントフィルの2級水酸基の酸化的代謝などが最近明らかにされてきている。これらの報告に,哺乳動物にもカロテノイドを積極的に利用する仕組みを垣間見ることができる。カロテノイドの吸収・代謝と生物活性の今後の解明が期待される。

文献

1) K. H. van Het Hof, C. E. West, J. A. Weststrate, and J. G. Hautvast: Dietary factors that affect the bioavailability of carotenoids, J. Nutr., 130, 503-506 (2000).

2) P. Borel, P. Grolier, M. Armand, A. Partier, H. Lafont, D. Lairon, and V. Azais-Braesco: Carotenoids in biological emulsions: solubility, surface-to-core distribution, and release from lipid droplets, J. Lipid Res., 37, 250-261 (1996).

3) T. Sugawara, M. Kushiro, H. Zhang, E. Nara, H. Ono, and A. Nagao: Lysophosphatidylcholine enhances carotenoid uptake from mixed micelles by Caco-2 human intestinal cells, J. Nutr., 131, 2921-2927 (2001).

4) V. Baskaran, T. Sugawara, and A. Nagao: Phospholipids affect the intestinal absorption of carotenoids in mice, Lipids, 38, 705-711 (2003).

5) L. Yonekura, W. Tsuzuki, and A. Nagao: Acyl moieties modulate the effects of phospholipids on beta-carotene uptake by Caco-2 cells, ibid., 41, 629-636 (2006).

6) A. van Bennekum, M. Werder, S. T. Thuahnai, C. H. Han, P. Duong, D. L. Williams, P. Wettstein, G. Schulthess, M. C. Phillips, and H. Hauser: Class B scavenger receptor-mediated intestinal absorption of dietary β-carotene and cholesterol, Biochem., 44, 4517-4525 (2005).

7) T. Wang, Y. C. Jiao, and C. Montell: Dissection of the pathway required for generation of vitamin A and for Drosophila phototransduction, J. Cell Biol., 177, 305-316 (2007).

8) S. A. Tanumihardjo, H. C. Furr, O. Amedee-Manesme, and J. A. Olson: Retinyl ester (vitamin A ester) and

carotenoid composition in human liver, *Int. J. Vitam. Nutr. Res.*, 60, 307-313 (1990).

9) S. Beatty, J. Nolan, H. Kavanagh, and O. O'Donovan: Macular pigment optical density and its relationship with serum and dietary levels of lutein and zeaxanthin, *Arch. Biochem. Biophys.*, 430, 70-76 (2004).

10) D. S. Goodman, J. A. Olson, and B. C. Raymond: The conversion of all-trans beta-carotene into retinal, *Methods Enzymol.*, 15, 462-475 (1969).

11) W. Yan, G. F. Jang, F. Haeseleer, N. Esumi, J. Chang, M. Kerrigan, M. Campochiaro, P. Campochiaro, K. Palczewski, and D. J. Zack: Cloning and characterization of a human beta,beta-carotene-15,15'-dioxygenase that is highly expressed in the retinal pigment epithelium, *Genomics*, 72, 193-202 (2001).

12) H. Bachmann, A. Desbarats, P. Pattison, M. Sedgewick, G. Riss, A. Wyss, N. Cardinault, C. Duszka, R. Goralczyk, and P. Grolier: Feedback regulation of beta, beta-carotene 15,15'-monooxygenase by retinoic acid in rats and chickens, *J. Nutr.*, 132, 3616-3622 (2002).

13) A. Boulanger, P. McLemore, N. G. Copeland, D.J. Gilbert, N.A. Jenkins, S. S. Yu, S. Gentleman, and T.M. Redmond: Identification of beta-carotene 15, 15'-monooxygenase as a peroxisome proliferator-activated receptor target gene, *FASEB J.*, 17, 1304-1306 (2003).

14) C. Kiefer, S. Hessel, J. M. Lampert, K. Vogt, M. O. Lederer, D. E. Breithaupt, and J. von Lintig: Identification and characterization of a mammalian enzyme catalyzing the asymmetric oxidative cleavage of provitamin A, *J. Biol. Chem.*, 276, 14110-14116 (2001).

15) F. Khachik, H. Pfander, and B. Traber: Proposed mechanisms for the formation of synthetic and naturally occurring metabolites of lycopene in tomato products and human serum, *J. Agric. Food Chem.*, 46, 4885-4890 (1998).

16) F. Khachik, G. Englert, G. R. Beecher, and J. C. Smith, Jr.: Isolation, structural elucidation, and partial synthesis of lutein dehydration products in extracts from human plasma, *J. Chromatogr. B.*, 670, 219-233 (1995).

17) F. Khachik, C. J. Spangler, J. C. Smith, Jr., L. M. Canfield, A. Steck, and H. Pfander: Identification, quantification, and relative concentrations of carotenoids and their metabolites in human milk and serum, *Anal. Chem.*, 69, 1873-1881 (1997).

18) S. Zeng, H. C. Furr, and J. A. Olson: Metabolism of carotenoid analogs in humans, *Am. J. Clin. Nutr.*, 56, 433-439 (1992).

19) H. Etoh, Y. Utsunomiya, A. Komori, Y. Murakami, S. Oshima, and T. Inakuma: Carotenoids in human blood plasma after ingesting paprika juice, *Biosci. Biotech. Biochem.*, 64, 1096-1098 (2000).

20) A. Asai, T. Sugawara, H. Ono, and A. Nagao: Biotransformation of fucoxanthinol into amarouciaxanthin A in mice and HepG2 cells: formation and cytotoxicity of fucoxanthin metabolites, *Drug Metab. Dispos.*, 32, 205-211 (2004).

21) S. J. Kim, E. Nara, H. Kobayashi, J. Terao, and A. Nagao: Formation of cleavage products by autoxidation of lycopene, *Lipids*, 36, 191-199 (2001).

22) A. Kistler, H. Liechti, L. Pichard, E. Wolz, G. Oesterhelt, A. Hayes, and P. Maurel: Metabolism and CYP-inducer

properties of astaxanthin in man and primary human hepatocytes, *Arch. Toxicol.*, 75, 665-675 (2002).

23) J. K. Prasain, R. Moore, J. S. Hurst, S. Barnes, and F. van Kuijk: Electrospray tandem mass spectrometric analysis of zeaxanthin and its oxidation products, *J. Mass Spectrom.*, 40, 916-923 (2005).

24) F. F. de Moura, C. C. Ho, G. Getachew, S. Hickenbottom, and A. J. Clifford: Kinetics of C-14 distribution after tracer dose of C-14-lutein in an adult woman, *Lipids*, 40, 1069-1073 (2005).

25) M. A. Leo, S. Ahmed, S. I. Aleynik, J. H. Siegel, F. Kasmin, and C. S. Lieber: Carotenoids and tocopherols in various hepatobiliary conditions, *J. Hepatol.*, 23, 550-556 (1995).

8章　カロテノイドと血管新生抑制

松　原　主　典＊

　近年，健康意識の高まりから日本型食生活が見直されてきている．なかでも，魚介類や海藻といった水産物は，健康に有益だとして積極的な摂取が望まれている食品素材である．肥満や動脈硬化といった生活習慣病が深刻化している欧米諸国でも水産物の積極的な摂取が推奨されている．また，開発国でも肥満などは増加しており，健康に役立つ食品素材として水産物が注目されている．水産物に含まれ健康に役立つと考えられている成分の代表としては，グリーンランドイヌイットの研究で注目された魚油に多く含まれている多価不飽和脂肪酸のイコサペンタエン酸（EPA）とドコサヘキサエン酸（DHA）がある[1]．これらの脂肪酸を積極的に摂取することにより血小板凝集能が低下し血液凝固が抑制されたり[2]，血中コレステロールが下がったりする[3]ことにより血栓症や動脈硬化のリスクが低下することが示唆されている．

　一方，食品に含まれる成分で健康に役立つことが示唆されているものに野菜や果物など植物性食品に含まれるポリフェノール類がある．ポリフェノール類は抗酸化作用を有し，細胞膜成分やDNAなどを活性酸素からの酸化ストレスに対し保護的に作用していると考えられている．フランス人は他の欧米諸国同様に脂質の多い食事にも関わらず，冠状動脈疾患が少なくフレンチパラドックスとして知られている[4]．その要因としてフランスでよく飲まれる赤ワインに含まれるポリフェノール類の抗酸化作用が注目された．しかし，その後ワインポリフェノール類の生理作用について詳細な研究が進み，抗酸化作用だけではなく血小板凝集阻害作用[5]や脂肪細胞分化抑制作用[6]などが報告され，ポリフェノール類の多彩な生理作用が疾病予防に有効である可能性が示唆されている．近年，ポリフェノール類に共通する生理機能として注目されているのが血管新生抑制作用である[7]．血管新生はガンをはじめ糖尿病性網膜症など多くの病態悪化と関連していることが知られている[8]．また，近年シワやシミの発生

＊広島大学大学院教育学研究科

に血管新生が関与していることが示されており[9, 10]，血管新生抑制物質は医薬品，機能性食品素材，そして化粧品素材としても注目を浴びるようになってきた．

ポリフェノール類と同様に強い抗酸化作用を有するカロテノイド類も活性酸素から生体を保護し，疾病予防に役立つ可能性が示されている．また，ポリフェノール類と同様に，他の生理作用によりヒトの健康に役立っている可能性もある．特に，血管新生抑制作用の有無については，血管新生が多くの病態悪化と関連していることから興味のもたれるところである．しかし，これまでに血管新生抑制作用が明確になっているカロテノイド類はごく僅かである[11]．日本食の素材としては一般的であるワカメやコンブといった褐藻から得られるカロテノイドであるフコキサンチンおよびその代謝物であるフコキサンチノール（図8･1）が血管新生抑制作用を有することを筆者らは見出した[12]．海藻は健康によいというイメージがあるが，日本で広く食されている海藻成分に血管新生抑制作用が認められたことは，海藻の健康機能を考える上で興味深い．本章では，そのフコキサンチンの血管新生抑制作用について概説する．

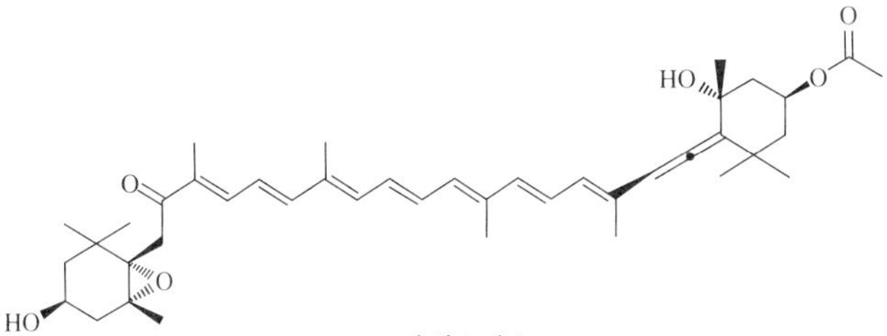

フコキサンチン

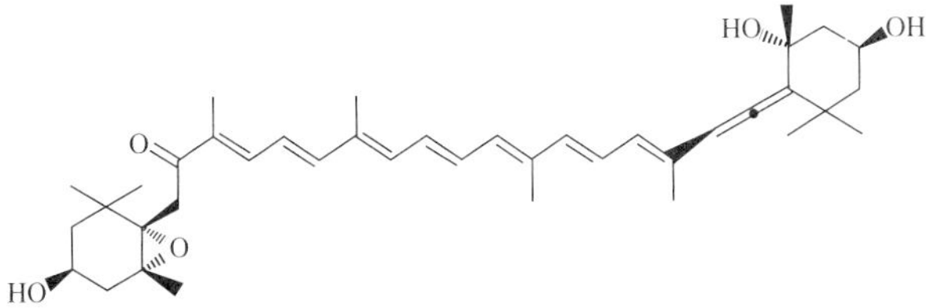

フコキサンチノール

図8･1　フコキサンチンとフコキサンチノールの化学構造

§1. 血管新生

 ヒトの細胞は全て心臓から送り出される血液によって運ばれる栄養素や酸素により生きており,また老廃物も血液を通して除去される.したがって,血管を通した血液の循環は生命維持に欠かすことができない.一方,炎症や動脈硬化,更にはガンなどの研究から,血管は病気の進行に重要な役割を果たしていることが明らかとなってきている.よって,ヒトの健康や食品機能成分の作用を考える場合,血管機能への作用は極めて重要であると考えられる.これまで血管機能に関しては,血圧や血栓予防に関する研究が盛んに行われてきている.これらに加え,近年は血管新生に関する研究が急速に脚光を浴びてきている.

 血管新生は,生理的また病的なものがあり,前者は個体発生や女性の性周期による黄体形成などがある.後者は,腫瘍周辺での血管形成や糖尿病患者の網膜での血管形成などである.また,広義の血管新生は2種に大別され,血管内皮前駆細胞が関与する脈管形成(vasculogenesis)と既存の血管から血管内皮細胞増殖を基本にした狭義の血管新生(angiogenesis)と呼ばれるものである[13].生体内での新しい血管形成においては両者の区別は困難なことから,両者の区別が明確に行える場合を除いて本章では広義の血管新生の意味で,「血管新生もしくは血管形成」を使用する.

 血管新生のメカニズムに関する研究は相当進んでおり,その詳細はかなり明らかとなっている.血管新生を誘導する因子として,最も重要なのはVEGF(vascular endothelial growth factor, 血管内皮増殖因子)である[14].その他には,FGF(fibroblast growth factor, 線維芽細胞増殖因子)ファミリーやEGF(epidermal growth factor, 上皮成長因子)などが明らかとなっている[15].これらの因子は新たな血管の形成が必要な状況下で,ガン細胞などから分泌され血管新生を誘導する.血管内皮細胞はこれらの因子に対する受容体を発現しており,このシグナルを受けるとコラゲナーゼを分泌し細胞外マトリックスを分解する.それに続いて細胞増殖を起こし管腔を形成する.また,近年血液中に血管内皮前駆細胞が存在し,それらが新しい血管形成に関与していることも明らかになっている[16](図8·2).このように血管新生メカニズムの詳細は明らかになってきているものの,シグナル配列をもたないFGFの血管新生での関与や血管内皮前駆細胞がどの程度新しい血管形成に関与しているのかな

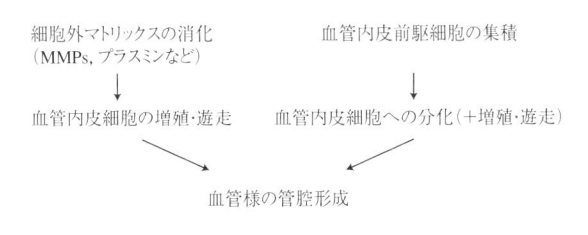

```
細胞外マトリックスの消化              血管内皮前駆細胞の集積
  （MMPs，プラスミンなど）
           ↓                              ↓
   血管内皮細胞の増殖・遊走       血管内皮細胞への分化（＋増殖・遊走）
              ↘                       ↙
                  血管様の管腔形成
```

図8・2　血管形成のプロセス

ど，まだ不明な点もあり，より詳細な研究が進行中である．

　疾病における血管新生の重要性は主にガンとの関連で研究が進展した．ハーバード大学のFolkmanは，直径数mm以上の固形ガンの成長には腫瘍血管からの栄養や酸素の供給が極めて重要であると考え，腫瘍血管の形成を抑制することによりガンの成長も抑えることができることを示した[17]．ガン以外にも，糖尿病性網膜症，老人性黄斑，リュウマチ，動脈硬化などの病態悪化に血管新生が関与していることが明らかとなっている[8]．更に興味深いことに，抗高脂血症薬剤であるスタチン系薬剤の投与によりアルツハイマー病や認知症のリスクが低下することが示され[18]，スタチン系薬剤の共通する生理作用である血管新生抑制作用が脳疾患の予防に重要である可能性も示唆されている[19]．また，メタボリックシンドロームといった生活習慣の主要な要因である肥満にも血管新生が関与していることが明らかとなっており[20]，血管新生抑制物質の摂取と健康との関わりは非常に興味がもたれるようになった．

§2．血管新生抑制物質

　固形ガンの成長は腫瘍血管からの栄養や酸素供給に依存していることから，血管新生抑制剤の開発はガン治療の目的で精力的に行われてきている．また，ガン細胞が腫瘍血管を通って多臓器に転移することから，血管新生抑制剤はガン転移予防にも有効であると考えられている．しかし，血管新生抑制剤によるガン治療は，ガンの根治を目的とするよりも治療困難な固形ガンの成長を抑制し，延命効果を上げることを目的としていることが多い．最近では，大腸ガンの進行抑制を目的としてVEGFレセプターに対する抗体医薬が日本でも認可されたことは記憶に新しい．当然のことであるが，医薬品として開発が進んでい

る薬剤については，ガン以外の疾病への適用について基礎および臨床研究が進んでいる．

一方，血管新生が様々な疾病に繋がっていること，また食生活から疾病予防に取り組むことの重要性が再認識されつつあることから，食品素材に含まれる血管新生抑制物質について急速に関心が高まった．食品素材に含まれる血管新生抑制物質としての最初の報告は，おそらくFotsisらによる大豆ポリフェノールの一種ゲニステインであろう[21]．その後，ウコンに含まれるクルクミン，茶カテキン，赤ワインのレスベラトロールなど植物性食品由来ポリフェノール類の血管新生抑制作用が次々と報告された[7]．健康機能が考えられるポリフェノール類のほとんどに血管新生抑制作用が見られることは，血管新生抑制作用が疾病予防に果たす役割を考える上で非常に興味深い．これらポリフェノール類のうち数種類については詳細な研究が進んでいる．また，茶カテキンなど一部のポリフェノール類の有効性についてガン患者を対象にした臨床研究も進行中である．また，血管新生抑制作用を有するポリフェノール類の作用メカニズムについても研究は進んでおり，血管内皮細胞の増殖抑制やVEGFレセプターのリン酸化抑制などが判明している[7]．

植物性食品素材としては，ポリフェノール類と同様に強い抗酸化作用を有するカロテノイド類の血管新生抑制作用についても検討が行われているが，明確な血管新生抑制作用が報告されているのはルテイン[11]のみである．これは，血管新生研究に特殊な実験技術が必要なことも影響していると考えられる．

一方，水圏生物由来の血管新生抑制物質についての報告はまだそう多くはない．現在までに，EPAやDHAといった高度不飽和脂肪酸[22,23]，海藻多糖類[24]，そして海綿由来低分子化合物[25]などの血管新生抑制作用が報告されている．これらの物質の作用メカニズムは，血管内皮細胞の増殖抑制や管腔形成阻害，細胞外マトリックス分解酵素阻害などによることが明らかとなっている．

§3. 血管新生抑制物質が有する生理機能

血管新生抑制物質は新しい血管の形成を抑制することにより，ガンをはじめとする様々な疾病の治療や予防に有効な可能性がある．一方，血管新生抑制作用を有する物質が様々な生理作用を示すことも近年明らかとなっている．その

例を幾つか紹介する．近年大きな社会問題となっているメタボリックシンドローム（高血圧，高脂血症，糖尿病などが併発する病態）であるが，その主要な要因である肥満が血管新生抑制物質により予防可能であることが示され大きな反響があった[20]．これに関連する話題としては，糖尿病治療薬であるPPARγ（peroxysome proliferators-activated receptorγ，ペルオキシソーム増殖剤応答性受容体ガンマ）のリガンド薬剤が血管新生抑制作用を有し，腫瘍モデル実験で有効性が示された[26]．また，既に述べたが抗高脂血症薬剤であるスタチン系薬剤に共通する生理作用として血管新生抑制作用が示され，それらを服用した高齢者は脳疾患リスクが低下することが示された[19]．更に興味深いことに，生体防御機能を維持できる第二世代の免疫抑制剤として開発された薬剤にも血管新生抑制作用があることが明らかとなっている[27]．免疫抑制剤を服用し続けると感染症に対して抵抗性が弱くなるだけでなく，悪性腫瘍の罹患率も高まることから，生体防御機能を維持できる免疫抑制剤の開発が待たれていた．血管新生はガンの悪性化とも関連していることから，第二世代のこの免疫抑制剤に血管新生抑制作用があることは，免疫抑制剤を服用し続けなければならない方々の悪性腫瘍に対するリスクも低下することが期待されている．食品成分の中では，赤ワインポリフェノールで血管新生抑制作用をもつリスベラトロールが脂肪細胞の分化抑制や長寿に関連する酵素活性化作用を有することも報告されている[6]．つまり，血管新生抑制作用をもつ機能物質は，それだけでも有用である可能性があるが，他の作用により健康維持に役立つ可能性もあることを示唆している．また，血管新生抑制物質の新規機能探索は予想外の結果をもたらすことも期待できる．

§4. フコキサンチンの血管新生抑制作用[12]

カロテノイド類はこれまでに数百種類もの存在が確認されているが，化学構造や生体機能については他の成書に譲り，ここでは水圏生物由来カロテノイドとして初めて血管新生抑制作用が明らかとなったフコキサンチンについて詳細に解説したい．

カロテノイド類は強い抗酸化作用を有していることから，フコキサンチンにも酸化ストレスから生体を保護する機能が期待されている．また，ガン細胞の

増殖を抑制する抗腫瘍作用も確認されている[28]．しかし，フコキサンチンの血管新生に与える影響については知られておらず，筆者らが初めてその影響を明らかにした．血管新生抑制物質の探索は医薬品開発や機能性食品開発の基礎となる部分であるが，廉価で効率的な血管新生測定系がないことが大きな障害となっている．筆者らは，Moriらが開発したラット動脈片をコラーゲンゲル中で組織培養する比較的廉価で効率のよい血管新生測定系[29, 30]を用いることにより血管新生抑制物質の研究を進めた．フコキサンチンについてもこのモデル系で評価したところ，強い抑制効果が認められた（図8・3）．

フコキサンチンの血管新生抑制メカニズムについてはHUVEC（ヒト臍帯静脈由来血管内皮細胞）を用いて検討した．その結果，フコキサンチンはHUVECの増殖と再構成基底膜上での管腔形成を抑制することが明らかとなった（図8・4）．また，血管新生の項で説明したが，新しい血管の形成には血液中を循環している血管内皮前駆細胞も関与していることが明らかとなっており，前駆細胞の分化制御も血管形成抑制に重要だと認識されつつある．しかし，生体の血液中から血管内皮前駆細胞を取り出して実験することは極めて困難なことから，その代替モデルとしてマウス胚性幹（ES）細胞を用いた血管形成モデルでフコキサンチンの影響を評価した．その結果，フコキサンチンはこの

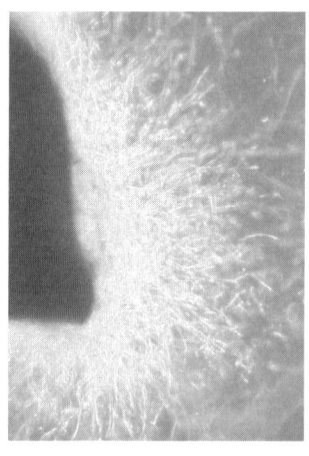

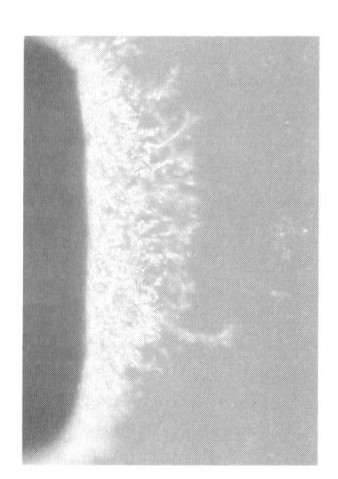

Control　　　　　　　　　　Fucoxanthin（10 μM）

図8・3　フコキサンチンの血管新生抑制作用

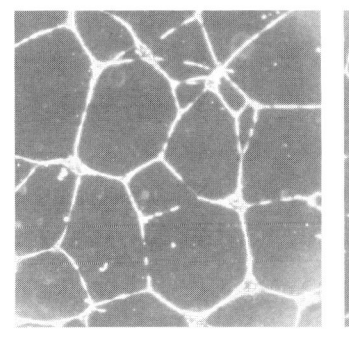

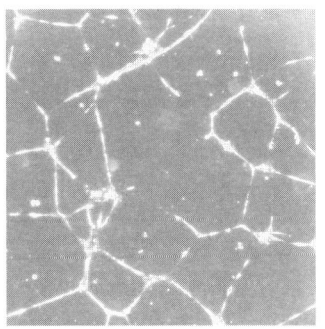

| Control | Fucoxanthin（10 μM） |

図8・4　フコキサンチンによる血管内皮細胞管腔形成生抑制作用

モデルにおいても血管形成を抑制した．これらの結果から，フコキサンチンはvasculogenesis（脈管形成）とangiogenesis（血管新生）の両方に作用する可能性が示された．また，その作用点は血管内皮細胞の増殖抑制と管腔形成，そして血管内皮細胞への分化抑制であることが示された．フコキサンチンによる血管形成抑制メカニズムについて，分子レベルでどのように作用しているのか大変興味がもたれるが，その詳細は今後の研究課題である．

　血管新生抑制物質には肥満予防効果が期待できることを説明したが[20]，フコキサンチンも抗肥満作用が動物実験で証明されている[31]．Maedaらはフコキサンチンの抗肥満作用として白色脂肪組織におけるUCP1（Mitochondrial uncoupling protein 1，非共役タンパク質1）の発現亢進[31]と脂肪前駆細胞からの脂肪細胞分化の抑制[32]を示している．これに加え，筆者らの実験結果からフコキサンチンの血管新生抑制効果も肥満予防に繋がっている可能性がある．血管新生を抑制することが肥満予防に繋がるかということに疑問をもたれる方がおられると思うので，ここで解説しておきたい．

　肥満は脂肪組織が増大すること，つまり脂肪細胞の増加や肥大を伴い体積が増大することである．すると，当然，脂肪細胞に栄養や酸素を供給する為に新しい血管の形成が伴うことから，血管新生を抑制することにより脂肪組織の増大が抑制できると考えられている．また，脂肪前駆細胞の分化には血管の存在が重要で，血管が存在しない状態では脂肪細胞への分化が効率よく進まないことが示されている[33]．これは，血管系の細胞から脂肪細胞への分化を促進する

因子が分泌されているためであると考えられているが，具体的な分子については現在も研究が進められている．更に，脂肪組織には脂肪細胞をはじめ軟骨や心筋細胞など様々な細胞に分化しうる多分化能を有する幹細胞が存在していることから[34]，幹細胞からの血管細胞の分化や脂肪細胞分化も肥満に関与していることが考えられる．筆者らは，幹細胞からの血管形成をフコキサンチンが抑制することを示したが，同様に幹細胞からの脂肪細胞分化への影響についても検討を進めている．予備的な結果ではあるが，フコキサンチンは幹細胞からの脂肪細胞分化を抑制するデータを得ている．血管新生抑制作用を有するフコキサンチンの抗肥満作用については，このように様々な側面からその作用メカニズムが検討されつつある．一方，血管新生抑制物質を肥満モデル動物に投与すると代謝の亢進が起きることも観察されていることから，血管新生抑制物質の他の生理機能が働いている可能性もある．肥満は生活習慣病の要因であり，先進国のみならず開発途上国でも深刻な問題となりつつある．健康食材と考えられている海藻に含まれる機能性カロテノイドであるフコキサンチンに肥満予防効果の可能性があることは，普段から口にする食材の潜在的な力を先人達は日常の生活の中で気付いていたのかもしれない．

　抗酸化作用をもつポリフェノール類の生理機能に関する研究は飛躍的に進んだが，同じ抗酸化作用をもつカロテノイド類については遅れている．その要因は，大量調製が難しいうえ脂溶性物質であることが生理機能の研究の発展を妨げていると考えられる．しかし，フコキサンチンの血管新生抑制作用研究のように専門分野が異なる研究者が共同研究をすることにより，幾つかのブレークスルーがもたらされるものと考えている．その結果，フコキサンチンをはじめとする水圏生物が有するカロテノイド類の新規作用やその詳細な生理メカニズムが明らかになって行くものと信じている．

文　献

1) J.Dyerberg, H.O. Bang, and N. Hjorne: Fatty acid composition of the plasma lipids in Greenland Eskimos, *Am. J. Clin. Nutr.*, 28, 958-966 (1975).

2) M.Croset, and M.Lagarde : In vitro incorporation and metabolism of icosapentaenoic and docosahexaenoic acids in human platelets-effects on aggregation, *Thromb. Haemost.*, 56, 57-62 (1986).

3) 福永健治：エイコサペンタエン酸，水産機

能性脂質-給源・機能・利用-（高橋是太郎編），恒星社厚生閣刊，2004，pp.107-119.
4) S. Renaud, and M. de Lorgeril : Wine, alcohol, platelets, and the French paradox for coronary heart disease, Lancet, 339, 1523-1526 (1992).
5) A. Ghiselli, M. Nardini, A. Baldi, and C. Scaccini: Antioxidant activity of different fractions separated from an Italian red wine, J. Agric. Food Chem., 46, 361-367 (1998).
6) F. Picard, M. Kurtev, N. Chung, A. Topark-Ngarm, T.Senawong, R.Machado De Oliveira, M. Leid, M.W. McBurney, L. Guarente : Sirt 1 promotes fat mobilization in white adipocytes by repressing PPAR-gamma, Nature, 429, 771-776 (2004).
7) Y. Cao, R. Cao, and E. Bråkenhielm : Antiangiogenic mechanisms of diet-derived polyphenols, J. Nutr. Biochem., 13, 380-390 (2002).
8) J. Folkman : Angiogenesis in cancer, vascular, rheumatoid and other disease, Nat. Med., 1, 27-31 (1995).
9) K.Yano, H.Oura, and M.Detmar: Targeted overexpression of the angiogenesis inhibitor thrombospondin-1 in the epidermis of transgenic mice prevents ultraviolet-B-induced angiogenesis and cutaneous photo-damage, J. Invest. Dermatol., 118, 800-805 (2002).
10) E.H. Kim, Y.C. Kim, E.S. Lee, and Y. Kang : The vascular characteristics of melasma, J. Dermatol. Sci., 46, 111-116 (2007).
11) B.P. Chew, C.M. Brown, J.S. Park, and P.F. Mixter: Dietary lutein inhibits mouse mammary tumor growth by regulating angiogenesis and apoptosis, Anticancer Res., 23, 3333-3339 (2003).
12) T. Sugawara, K. Matsubara, R. Akagi, M. Mori, and T. Hirata : Antiangiogenic activity of brown algae fucoxanthin and its deacetylated product, fucoxanthinol, J. Agric. Food Chem., 54, 9805-9810 (2006).
13) 児玉龍彦・高橋　潔・渋谷正史：血管生物学，講談社サイエンティフィック，1997，pp.2-3.
14) N. Ferrara, and W.J. Henzel : Pituitary follicular cells secrets a novel heparin-binding growth factor specific for vascular endothelial cells, Biochem. Biophys. Res. Commun., 161, 851-858 (1989).
15) 児玉龍彦・高橋　潔・渋谷正史：血管生物学，講談社サイエンティフィック，1997，pp.3-4.
16) T. Asahara, T. Murohara, A. Sullivan, M. Silver, R. van der Zee, T. Li, B. Witzenbichler, G. Schatteman, and J.M. Isner : Isolation of putative progenitor endothelial cells for angiogenesis, Science, 275, 964-967 (1997).
17) J. Folkman : What is the evidence that tumors are angiogenesis dependent?, J. Natl. Cancer Inst., 82, 4-6 (1990).
18) H. Jick, G.L. Zornberg, S.S. Jick, S. Seshadri, and D.A. Drachman : Statins and the risk of dementia, Lancet, 356, 1627-1631 (2000).
19) A. H. Vagnucci Jr., and W. W. Li : Alzheimer's disease and angiogenesis, ibid., 361, 605-608 (2003).
20) M.A. Rupnick, D.Panigrahy, C.Y. Zhang, S.M. Dallabrida, B. B. Lowell, R. Langer, and M. J. Folkman : Adipose tissue mass can be regulated through the vasculature, Proc. Natl. Acad. Sci. U.S.A., 99, 10730-10735 (2002).
21) T. Fotsis, M. Pepper, H. Adlercreutz, G. Fleischmann, T. Hase, R. Montesano, and

L. Schweigerer : Genistein, a dietary-derived inhibitor of in vitro angiogenesis, *ibid.*, 90, 2690-2694 (1993).

22) S. P. Yang, I. Morita, and S. I. Murota : Eicosapentaenoic acid attenuates vascular endothelial growth factor-induced proliferation via inhibiting Flk-1 receptor expression in bovine carotid artery endothelial cells, *J. Cell Physiol.*, 176, 342-349 (1998).

23) M. Tsuji, S.I. Murota, and I. Morita : Docosapentaenoic acid (22:5, n-3) suppressed tube-forming activity in endothelial cells induced by vascular endothelial growth factor, *Prostaglandins Leukot. Essent. Fatty Acids*, 68, 337-342 (2003).

24) K. Matsubara : Recent advances in marine algal anticoagulants, *Curr. Med. Chem. Cardiovasc. Hematol. Agents*, 2, 13-19 (2004).

25) M. Fujita, Y. Nakao, S. Matsunaga, M. Seiki, Y. Itoh, J. Yamashita, R.W. van Soest, and N. Fusetani : Ageladine A: an antiangiogenic matrixmetalloproteinase inhibitor from the marine sponge Agelas nakamurai, *J. Am. Chem. Soc.*, 125, 15700-15701 (2003).

26) D. Panigrahy, S. Singer, L.Q. Shen, C.E. Butterfield, D.A. Freedman, E.J. Chen, M.A. Moses, S. Kilroy, S. Duensing, C. Fletcher, J.A. Fletcher, L. Hlatky, P. Hahnfeldt, J. Folkman, and A. Kaipainen: PPARg ligands inhibit primary tumor growth and metastasis by inhibiting angiogenesis, *J. Clin. Invest.*, 110, 923-932 (2002).

27) G. Schmid, M. Guba, I. Ischenko, A. Papyan, M. Joka, S. Schrepfer, C.J. Bruns, K.W. Jauch, C. Heeschen, and C. Graeb : The immunosuppressant FTY720 inhibits tumor angiogenesis via the sphingosine 1-phosphate receptor 1, *J. Cell. Biochem.*, 101, 259-270 (2007).

28) 西野輔翼：癌細胞増殖抑制活性，海洋生物のカロテノイド―代謝と生物活性（幹 渉 編），恒星社厚生閣刊, 1993, pp.105-113.

29) M. Mori, Y. Sadahira, S. Kawasaki, T. Hayashi, K. Notohara, and M. Awai : Capillary growth from reversed rat aortic segments cultured in collagen gel, *Acta Pathol. Jpn.*, 38, 1503-1512 (1988).

30) S. Kawasaki, M. Mori, and M. Awai : Capillary growth of rat aortic segments cultured in collagen gel without serum, *ibid.*, 39, 712-718 (1989).

31) H. Maeda, M. Hosokawa, T. Sashima, K. Funayama, and K.Miyashita: Fucoxanthin from edible seaweed, Undaria pinnatifida, shows antiobesity effect through UCP1 expression in white adipose tissues, *Biochem. Biophys. Res. Commun.*, 332, 392-397 (2005).

32) H. Maeda, M. Hosokawa, T. Sashima, N. Takahashi, T. Kawada, and K. Miyashita: Fucoxanthin and its metabolite, fucoxanthinol, suppress adipocyte differentiation in 3T3-L1 cells, *Int. J. Mol. Med.*, 18, 147-152 (2006).

33) D. Fukumura, A. Ushiyama, D.G. Duda, L. Xu, J. Tam, K. K. Chatterjee, I. Garkavtsev, and R. K. Jain : Paracrine regulation of angiogenesis and adipocyte differentiation during in vivo adipogenesis, *Circ. Res.*, 93, e88-e97 (2003).

34) P.A. Zuk, M. Zhu, P. Ashjian, D.A. De Ugarte, J. I. Huang, H. Mizuno, Z. C. Alfonso, J.K. Fraser, P. Benhaim, and M.H. Hedrick : Human adipose tissue is a source of multipotent stem cells, *Mol. Biol. Cell*, 13, 4279-4295 (2002).

9章 カロテノイドの生産と利用

山 岡 到 保*

　動植物の体色は季節ごとに種々の色に変わるため，自然界に彩りを添えてくれる．そのなかで緑色のクロロフィルと同じように天然色素としてよく知られている色素は，カロテノイドである．カロテノイドは黄色，橙，赤，紫といった色素で単一の色素を示していない．カロテノイドは，これまでに750種類以上知られており[1-3]，微生物の菌体，藻類，微細藻類あるいは高等植物および動物など天然に広く存在，分布する色素である．金魚，ヒゴイ，ベニサケ，タイ，エビやカニなどの赤色，トマト，スイカ，唐辛子，ミカンの赤色や黄色，フラミンゴの体色などの成分はカロテノイドである[1-3]．カロテノイドが種々の生理活性を有することが明らかにされるにつれて商業規模で需要が増大している．現在，工場レベルで一番生産されているカロテノイドはβ-カロテン，次いでアスタキサンチンである．これらの化合物は末端商品として飼料，健康補助食品および化粧品分野で販売されている．アスタキサンチンなどの合成品の使用は，飼料のみに限られており，天然資源が探られている．最近，ケト型のカロテノイドであるアスタキサンチンが多くの生理活性を有することが明らかにされつつあること[4]や大量培養法の確立[5]により，天然のカロテノイドの需要が益々高まっている．

　ここでは，瀬戸内海から見出されたDHAとカロテノイドを細胞内に蓄積するクロミスタ界のラビリンチュラを中心に，その培養生産と利用について述べる．

§1. 商業利用されているカロテノイドの含有生物材料

　古くからカロテノイドが抽出されている主な動植物を表9・1に示す．赤ピーマンやトウガラシからカプサンチン，トマトからリコペンとβ-カロテン，柑橘類からクリプトキサンチン，カボチャとパーム油からβ-カロテン，褐藻類から

---
* (独) 産業技術総合研究所　バイオマス研究センター

フコキサンチン,オキアミやズワイガニの殻からアスタキサンチンが抽出されている.ルテインは,マリーゴールドの花弁からの抽出物がほとんどである[1].サケから抽出されたアスタキサンチンは,シス型の脂肪酸エステルで,合成されたアスタキサンチンは,シス型とトランス型が混在している[6].褐藻類(*Phaeophyceae*)に含まれるフコキサンチンは,海洋において年間100万t生産され,カロテノイドのうち生産高はトップである.アレン構造でエポキシドを有するフコキサンチンは,ワカメ,コンブ,ヒジキや珪藻類に多い[7].ネオキサンチンとともに前立腺ガン抑制作用や大腸ガンの抑制効果が示されている[7].

表9・1 市販されているカロテノイドとそれらの原料

カロテノイドの種類	原材料名
リコペン	トマトの実
カプサンチン	赤ピーマン
ルテイン	マリーゴールド花弁
アスタキサンチン	化学合成
3S, 3S'-アスタキサンチン	オキアミや藻類ヘマトコッカス(脂肪酸エステル)
3R, 3R'-アスタキサンチン	ファフィア酵母
カンタキサンチン	化学合成
β-カロテン	ニンジン根,カボチャ,パーム油,化学合成 ドナリエラ サリナ
フコキサンチン	褐藻類

§2. カロテノイドを生産する微生物の種類

カロテノイドを生産する微生物には,光合成を行う微細藻類,酵母,細菌[1](表9・2)やラビリンチュラ[17]が知られている.瀬戸内海などの閉鎖性海域で異常発生(赤潮)する渦鞭毛藻類では,アレン基をもつ赤色のペリジニンが主なカロテノイドである[3].

2・1 アスタキサンチン

アスタキサンチンを生産する微生物には,淡水性微細藻類(*Haematococcus pluvialis*)[8],赤色酵母(*Phaffia rhodozyma*)[12]と細菌(*Agrobacterium aurantiacum*)[18]がよく知られ,商業ベースで生産が進んでいる.*H. pluvialis*は,微細藻類であるために光合成するのに強い光を要求するので光を効率的に供給する方法の開発が必要となっており立地条件に種々の制約を生じている.

表9・2 カロテノイドを生産する微生物

微生物名	カロテノイド	文献
Haematococcus pluvialis	アスタキサンチン	Kobayashi *et al.* 1992 [8]
Muriellopsis sp.	ルテイン	Del Campo *et al.* 1999 [9]
Phaeodactylum tricornutum	フコキサンチン	Sanchez Miron *et al.* 2002 [10]
Rhodotrula glutinis	β-カロテン トルラロジン	榊ら 1999 [11]
Phaffia rhodozyma	アスタキサンチン	Meyer *et al* 1994 [12]
Mucor rouxii	カロテン	Mosqueda-Cano *et al* 1998 [13]
Flavobacterium sp.	ゼアキサンチン	Arakawa *et al.* 1997 [14]
Dunaliella bardawill	β-カロテン	Ben Amotz *et al.* 1996 [15]
Escherichia coli	リコペン トルレン	Lee *et al.* 2004 [16]

一方,光合成しない赤色酵母(*P. rhodozyma*)は,*H. pluvialis* に比較してアスタキサンチンの生産量が少なく,化学構造が(3R,3R')体のアスタキサンチン[12]であるため,多く利用されていない.

2・2 β-カロテン

緑藻の *Dunaliella bardawill* や *D. salina* は,塩分濃度が高くなると細胞内に8%を超える高濃度の β-カロテンを含む[15]ため,高塩分環境下で大量生産され,健康食品として出回っている.一方,光合成しない微生物で生産できれば,光を受光する面が必要でないのでコンパクトな培養で大量生産できる利点がある.そこで酵母(*Rhodotorula glutinis*)での β-カロテン,トレエンとトルラホデイン生産が検討されている[11].

2・3 カンタキサンチン

カンタキサンチンは,ある種のキノコ,魚類,甲殻類および細菌の *Brevibacterium* 属,*Rhodococcus* 属が生産することが知られている[19].またカンタキサンチンは,化学合成による人工的な生産法があるが工業的規模の生産は行われていない.

2・4 ルテイン

ルテインは,マリーゴールドの花弁(橙や黄色)からの抽出が殆どである.ルテインを生産する菌としては,*Muriellopsis* sp.[9],緑藻 *Chlorella protothecoides*[20] が知られている.

2·5 その他のカロテノイド

ゼアキサンチンは，細菌の *Flavobacterium* sp.[14] が生産する．

§3. ラビリンチュラによるカロテノイド生産
3·1 ラビリンチュラの単離法[17, 21]

沿岸や内湾の海水にラビリンチュラが付着しやすいクロマツの花粉を懸濁し，それを寒天培地の表面上に注意深く白金耳を用いて塗布する．シャーレの寒天表面に出てきたコロニーを取り出し単離する．ラビリンチュラの典型的な透過型電子顕微鏡写真を示す（図9·1）．この微生物は，5％グリセロールを含んだ培養液と細胞を直接急速に冷凍し，-80℃の冷凍庫で保存する．

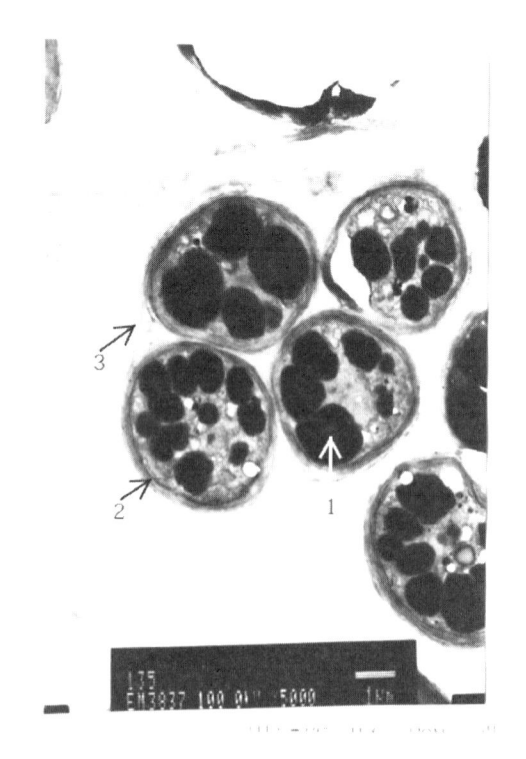

図9·1 ラビリンチュラ（*Thraustochytrium* CHN-1）の電子顕微鏡写真．細胞の直径：約10ミクロン，形：紡錘形，細胞内の黒色部分（1）は脂質，（2）は細胞壁，4個の細胞は，ゴルジ体由来の細胞膜（3）で覆われている．

3・2 ラビリンチュラの有機物組成[22]

瀬戸内海から単離された *Thraustochytrium* CHN-1（ラビリンチュラ）は，乾燥重量100g中に脂質48.7g（うち脂肪酸30.9g）を含有している．菌体中の脂肪酸組成は，C18:1，ドコサヘキサエン酸（C22:6，DHA）とドコサペンタエン酸（C22:5，DPA）を主成分としている．DHAなどの高度不飽和脂肪酸とともに3S, 3S'-アスタキサンチン，フェノコキサンチン，カンタキサンチンとβ-カロテンなどのカロテノイド色素を含有している．*H. pluvialis* ではアスタキサンチンだけが抽出利用されているが，ラビリンチュラは，アスタキサンチンとともに脂溶性物質（DHA，カンタキサンチン）と水溶性のビタミンCを含有しているため，多機能性物質の生産菌として有望視されるようになった．

3・3 化学的増殖因子

1）炭素源

ラビリンチュラの資化できる糖類は，グルコース，ガラクトース，マンノース，グリセロール，フラクトースと水飴である．高分子多糖類のデンプンとラミナランは，直接，細胞膜を介して吸収できないので細胞外で低分子化した後，吸収される．オレイン酸，ゴマ油と大豆油は，グルコースと同じように資化される．またラビリンチュラは，糖類より食用油を増殖に利用しやすい．類似した傾向が *Schizochytrium* sp. で認められている[21]．カロテノイドの含量は，糖類で培養した場合にはカンタキサンチン，油脂ではアスタキサンチンの存在割合が高い．糖類を炭素源とした場合，カンタキサンチンは，対数増殖期に多く，アスタキサンチンは定常期に生体内への蓄積が認められる．

2）窒素源

ラビリンチュラは，L-アラニン，L-アルギニン，L-シトルリン，L-グルタミン酸，グリシン，L-プロリン，L-トリプトファン，KNO_3，尿素，酵母エキス，ポリペプトン，ロイシン，オルニシンを窒素源として利用できる．アスタキサンチンの蓄積の多いのは，酵母エキス，ポリペプトン，グルタミン酸，アラニンなどの有機態を窒素源として利用した場合である．培養液中の窒素量が減少すると，細胞内のカロテノイドは増加する．一方，無機態の硝酸塩（KNO_3など）と尿素を窒素源として利用した場合はカンタキサンチンの占める割合が多く，窒素源の違いはカロテノイド組成に大きく影響する．

3) ビタミンの影響

ラビリンチュラの培養液にチアミンとコリンを各々1.5 mg/l添加すると，約2倍のバイオマス量と約1.8倍のカロテノイドが得られる．Hayashiら[23]は，ラビリンチュラの培養液にビタミンB_{12}を加えると，細胞数が増加し，ビタミンB_{12}を吸収し，脂肪酸が増加することを確認している．したがってビタミンの添加はラビリンチュラの増殖に効果的である．

4) 塩分の影響

ラビリンチュラは，低塩分から高塩分（10％）まで広範囲で増殖できるが，増殖に最適な塩分濃度は，海水と同程度である．生体中の総カロテノイドの濃度は，塩分濃度が1.5％から8％の範囲で大きな変化はみられないが，アスタキサンチンは塩分濃度が1.5％から8％に増加するにつれて増加し，一方，カンタキサンチンは塩分濃度1.5％の時に60％程度占める（図9・2）．

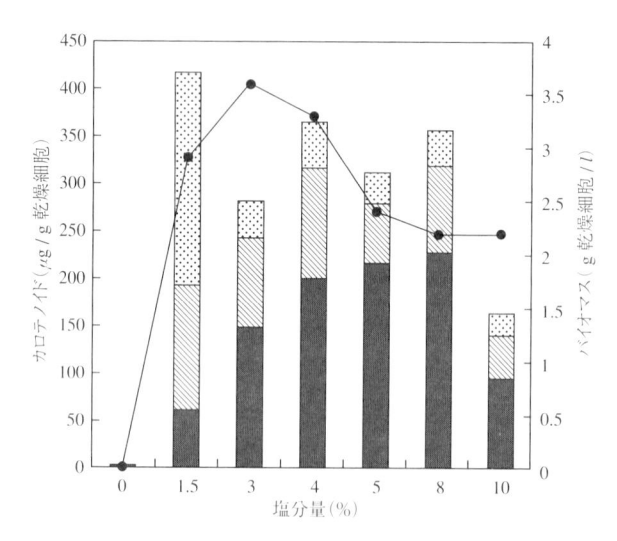

図9・2　ラビリンチュラの増殖とカロテノイド生産への塩分の影響
　●：バイオマス，▨：カンタキサンチン，
　▨：フェノコキサンチン，■：アスタキサンチン，

5) pHの影響

ラビリンチュラはpH4から6にかけて増殖が盛んになる．アスタキサンチンの生成量はpHが高くなるほど増加するため，培地はアルカリ性にするとよい．

培地の初期pHをアルカリ性にすると,ラビリンチュラの増殖とアスタキサンチンの生産がよくなることから,アルカリ性微生物の培養によく使われる炭酸ナトリウムを添加すると効果があることが見出されている[17]。

6) 温 度

ラビリンチュラは14〜28℃で増殖するが,最適な温度は,23℃である.一般にラビリンチュラ類の全適増殖温度は14〜24℃であり,0.3〜30℃での温度範囲で生育可能であることが認められている.

3・4 物理的増殖因子

1) ラビリンチュラ培養へ酸素の利用

ラビリンチュラは,酵母やカビなどと同様に増殖には豊富な酸素が必要な微生物である.しかし,空気中の酸素によってカロテノイドが酸化分解されやすいのでカロテノイド生産への酸素濃度の影響を調べることが重要である.培養液中の酸素濃度を高めるのに,直径50μm以下の微細泡(マイクロバブル)で酸素を供給すると,牛乳のように白濁した酸素濃度の高い培養液を得ることができる.廃シロップを培養液として,マイクロバブルでエアーレーションしながら増殖とカロテノイドへの影響を調べると,バイオマスとアスタキサンチンの量は,溶液中の酸素濃度が高くなるにつれて多くなる.

2) LED光によるラビリンチュラの培養

ラビリンチュラは光合成しないので,基本的には生育に光を必要としない.しかし,微生物の二次代謝産物の生産には,光が影響を与える.そこで,蛍光ランプや水銀ランプに比較して特定波長を照射できる,ランプの寿命が長い,電気の消費量が少ないことなど,種々の面で利点[24]がある発光ダイオード(LED)を用いて,光の影響を調べた.図9・3に各種の光源を用いてラビリンチュラを培養した時の増殖曲線を示した.ラビリンチュラは何れの光源においても培養開始後,速やかにバイオマス量の増加が見られ,10日目で定常期に達する.バイオマス量の順は,蛍光灯＞LED-赤＞LED-青＞LED-近赤外＞暗所の順に多い.光合成する微細藻類と違い,ラビリンチュラは光が存在しない環境条件で生育するが,光のある方がより生育し易いことを示している.一方,LED-青色光下では他のLED光の数倍のカロテノイドを生産できる.植物においては,青色光は光屈性,葉緑体の形成,気孔の開閉などの調節機能反応

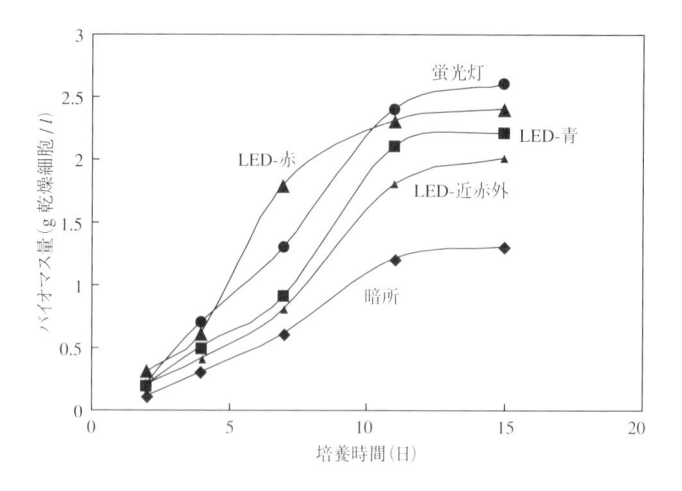

図9・3 ラビリンチュラ増殖への光の影響

に関係し，赤色光は光合成作用を最大にする作用が知られている[24]．

3・5 ラビリンチュラの回収（凝集性）

増殖中のラビリンチュラの培養液を500 mlのメスシリンダーに入れて静置することでバイオマスの沈降量を調べることができる．目盛り付のメスシリンダー（500 ml）に培養液を底から5 cmの所まで注ぎ，静置してこの培養液の水面から沈降物質の上端までの距離を経時的に目視すると，5分後から急激に沈降が起こり10分で7割は沈降する．その後，時間の経過に伴いゆっくり沈降し，30分間で大部分の菌体が沈降する．このことは，培養後のラビリンチュラの細胞は凝集性が強いので沈降しやすく，培養液からバイオマスを回収するのが大変容易であることを示している．

3・6 カロテノイドの抽出

1) 超臨界炭酸ガス流体による抽出

超臨界炭酸ガス流体によるカロテノイド抽出は，毒性を有する有機溶剤の使用を減少させる方法として食品や生物素材からの有用物質の抽出法として注目されている．超臨界炭酸ガス流体によるアスタキサンチンの抽出は，これまでに微細藻類のH. pluvialis [25]や赤色酵母P. rhodozyma [26]で試みられている．ラビリンチュラからのカロテノイド抽出効率について，超臨界炭酸ガス流体と

従来のクロロホルム：メタノール混液とを比較すると，超臨界法は，有機溶剤法の約60から65％の抽出率である．超臨界炭酸ガス流体の低い抽出率は，ラビリンチュラ の細胞とカロテノイドの結合が強固であることを示している．超臨界炭酸ガス流体での抽出率を向上させるために，圧力やアルコールなどを添加することが検討されている．

2) ミルキングによる抽出

代謝の過程で微生物体内に生産・蓄積される物質を，培養槽中に同時添加しておいた油溶性の有機溶剤に溶解させて回収する方法は，山羊や牛の乳搾りになぞらえてミルキングと呼ばれる[27]．

Botryococcus brawnii からは炭化水素，*Halomonas elongate* からは有用物質，*H. pluvialis* からはアスタキサンチンがミルキングで生産されている[28]．Hejaziら[27]は *D. salina* とドデカンの培養液を槽内で上下にポンプで混合撹拌してミルキングしている．ラビリンチュラで同じような装置を用いて実験すると，ドデカン中のカロテノイド濃度は，時間の経過とともに増加する．すなわち，細胞中に蓄積したアスタキサンチンなどのカロテノイドは，ドデカンが培養液中を上昇する過程で細胞と接触して溶解されることによりドデカンに抽出される．ドデカンによるミルキング培養する前後の細胞を電子顕微鏡で観察すると，ドデカン処理した場合には，細胞表面に起伏が多く見られる．透過型電顕写真では，ドデカン処理細胞が未処理細胞より大きく，油滴が小さく見える（未発表）．これは細胞から絶えずカロテノイドやDHA含有油滴をドデカン溶媒に抽出されている細胞の特徴と認められる．

§4. 利 用

4・1 廃シロップ処理

廃シロップ（フラクトース10.7％，グルコース10.6％含有，pH3.8）を海水で2倍に希釈して酵母エキスを1％になるように加えた溶液でラビリンチュラを培養し，そのときの培養液中の糖類の変化とバイオマスの関係を図9・4に示す．培養開始から5日間でグルコースが，その後，フラクトースが消費され，5日間でバイオマス量が約3 g 乾燥細胞 / l となった．細胞中のカロテノイドは200〜800 mg/kg 乾燥細胞であった（未発表）．廃シロップは，現在産業廃棄

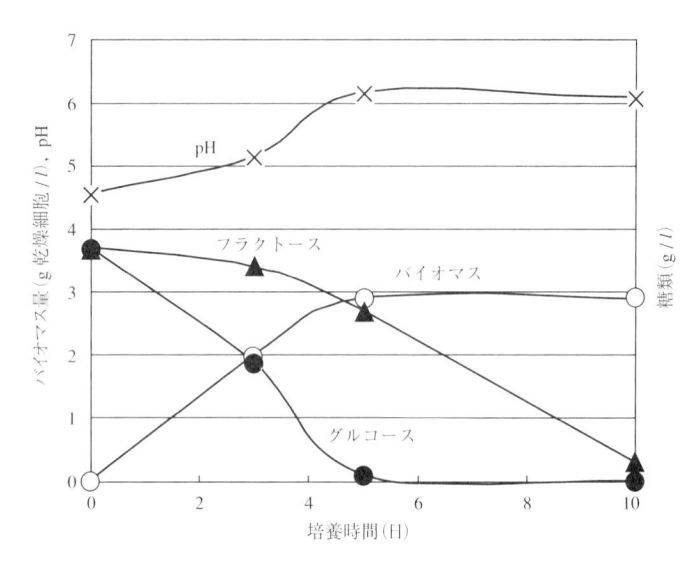

図9・4 ラビリンチュラによる廃シロップの処理

物として処理されているが，DHAとカロテノイドを含んだ高付加価値成分のラビリンチュラ油に再資源化できるのである．

4・2 飼料

魚類，両生類，鳥類は多くのカロテノイドを吸収・蓄積できる[1]．赤色酵母（*P. rhodozyma*）の細胞壁の破砕処理飼料（アスタキサンチンで0～16 ppm）は，産卵鶏に4週間給餌すると卵黄に着色効果がみられ，天然の卵黄着色飼料として有用であることが認められている[29]．豆腐や大豆タンパク質製造時の副産物であるおからは，タンパク質や糖などの大豆成分を多く含有し，水分や繊維分が多いことから，一部飼料や乾燥おからとして使用されているが，殆どは食品廃棄物として処理されている．このおからにセルラーゼやペクチナーゼを作用して分解し，可溶化後，ラビリンチュラを増殖させてDHAとアスタキサンチンに富んだ飼料にすることが試みられている[17]．

4・3 化粧品

アスタキサンチンは，β-カロテンと異なり，生体内で分解してビタミンA活性を示すプロビタミンA作用を示さないが，低濃度で有効な光老化抑制抗酸化素材として注目されている[30]．アスタキサンチン，カンタキサンチン，ゼア

キサンチンの一重項酸素消去能を比較した結果，アスタキサンチンが従来のフリーラジカル消去能に加えて，一重項酸素消去能がきわめて強いことが見いだされている[1]．これらのことからアスタキサンチンを塗布するとシワの形成が抑制され，紫外線による皮膚弾力性の低下も抑制される[30]．しかし香粧品として使用するには，光分解を抑制安定化することが難しい．アスタキサンチンの安定化剤としてグルコシルルチンとトコフェロールが高い効果があることが認められている[30]．ラビリンチュラから抽出されるオイルは，充分に化粧品として応用できると考えられている．

文　献

1) 三室　守・高市真一・富田純史：カロテノイド－その多様性と生理活性－，裳華房，2006，pp.6-20.
2) 松野隆雄：エビ・カニはなぜ赤い－機能性色素カロテノイド－，成山堂書店，2004，pp.40-147.
3) P. Bhosale: Environmental and cultural stimulanta in the production of carotenoids from microorganisms, Appl. Micro. Biotech., 66, 1-23 (2003)
4) T.Tanaka, H.Makita, M.Ohnishi, H.Mori, K.Satou and A.Hara: Chemoprevention of rat oral carcinogenesis by naturally occuring Xanthophylls, astaxanthin and canthaxanthin, Cancer Res., 55, 4059-4064 (1995)
5) 山下栄次：緑藻類ヘマトコッカス藻によるアスタキサンチンの工業的生産とその利用，農化誌，76, 740-743 (2002)
6) A. Turujima, W. G. Wamer, R. R Wei, R. Albert: Rapid liquid chromatographic method to distinguished wild salmon from aquacultured salmon fed synthetic astaxanthin, J. AOAC Internal., 80, 622-629 (1997).
7) 菅原達也：褐藻由来フコキサンチンの生体内代謝と生理機能，水産資源の先進的有効利用法－ゼロエミッションをめざして－（坂口守彦，平田　孝監修），エヌ・テイ・エス，2005，pp.162-168.
8) M. Kobayashi, T. Kakizuno and S. Nagai: Effects of light intensity, light quality, and illumination cycle on astaxanthin formation in a green algae Haematooccus pluvialis, J. Ferment. Bioeng., 74, 61-63 (1992).
9) J.A. DelCampo, J.Moreno, H. Rodriquez, M.A.Vargas, J. Rivas and M.G. Guerrero: Carotenoid content of chlorophycean microalgae : factors determining lutein accumulation in Muriellcpsis sp (Chlorophyta), J. Biotechnol., 76, 51-59 (1999).
10) M.A. Sanchez, M.C. Caron, C. Garcia, M.G. Francisco and C. Emillio: Growth and biochemical characterization of microalgal biomass produced in bubble column and airlift photobioreactors: studies in fed-batch culture, Enz. Microb. Technol., 3, 015-1023 (2002).
11) 榊　秀之，後出秀聡，中西達也，幹渉，藤田藤樹夫，米虫節夫：Rhodotorula glutinis No.21のカロテノイド生合成に及ぼす培養条件，生工誌，77, 55-59 (1999).
12) P.S.Meyer, J.C.Du Preez: Photo-regulated astaxanthin production by Phaffia

rhodozyma mutants, *Syst. Appl. Microbiol.*, 17, 24-31 (1994).

13) G. Mosqueda-Cano and J.F.Gutierrez-Corona: Environmental and developmental regulation of carotenogenesis in the dimorphic fungus *Mucor rouxil*, *Currt. Microbiol.*, 31, 141-145 (1995).

14) Y. Arakawa, K.Hashimoto, A.Shibata and M. Umezu: Studies on the biosynthesis of carotenoids by microorganisms, Effect of visible light on the growth and carotenoidos production of *Flavobacterium* sp.TK-70, *Hakko Kogaku Kaishi*, 55, 319-324 (1977).

15) A. Ben-Amotz and M.Avron: Accumulation of metabolites by halotolerant algae and its industrial potential, *Annu Rev. Microbiol.*, 37, 95-119 (1983).

16) P.C. Lee, B.N. MMijts and C. Schmidt-Dannet : Investigation of factors influencing production of the monocyclic carotenoid torulene in metabolically engineered *Escherichia coli*, *Appli. Micro. Biol.*, 65, 538-546 (2004)

17) 山岡到保, マルビリサ・カルモナ: 瀬戸内海から単離された新規微生物の生育特性と資源化, 日海水誌, 59, 23-31 (2005).

18) A.Yokoyama and W.Miki: Composition and presumed biosynthetic pathway of carotenoids in the astaxanthin-producing bacterium Agrobacterium *aurantiacum*, *FEMS Microbiol.Lett.* 128, 139-144 (1995)

19) H. J. Nelis and A. P. D. Leenheer: Reinvestigation of *Brevibacterium* sp. Strain KY-4313 as a Source of Canthaxanthin, *Appl.Enviro.Micro.*, 2505-2510 (1989).

20) X. M. Shi, Y. Jiang and F. Chen: High yield production of lutein by the green microalga *Chlorella protothecoides* in Heterotrophic Fed-Batch culture, *Biotechnol. Prog.*, 18, 723-727 (2002).

21) T. Yokochi, D. Honda, T. Higashihara and T. Nakahara : Optimization of docosahexaenoic acid production by *Schizochytrium limacium* SR21, *Appl. Microbiol. Biotechnol*, 49, 72-76 (1998)

22) Y.Yamaoka and L.C.Marvelisa: Production of useful substances by the protest *Thrausttochytorium* (Labyrinthulids) isolated from the Seto Inland Sea, *Bull. Soc. Sea Water* Jpn., 59, 3239 (2005)

23) M. Hayashi, T. Yukino, F. Watanabe, E.Miyamoto and Y.Nakano : Effect of Vitamin B_{12}-Enriched *Thraustochytrids* on the Population Growth of Rotiers, *Biosci. Biotechnol. Biochem.*, 71, 222-225 (2007)

24) M. Tanaka, T. Takamura, H. Watanabe, M. Endo, T. Yanagi and K. Okamoto: *In vitro* growth of cymbidium plantlets cultured under surperbright red and blue light-emitting diodes (LEDs), *J. Horticultural Biotechnol. Sci.*, 73, 39-44 (1998).

25) W. Majewski, M. Perrut and J. O. Valderrama: Extraction of astaxanthin from *Haematococcus pluvial* by supercritical carbon dioxide, in: Proceeding of the seventh Meeting on Supercritical Fluid, Tome 2, *Antibes*, France, December (2000), pp.711-716.

26) G. Lim, S. Lee, E. Lee, S. Haam and W. Kim: Separation of astaxanthin from red yeast *Phaffia rhodozyma* by supercritical carbon dioxide extraction, *Biochem. Eng. J.* 11, 181-167 (2002).

27) M.A. Hejazi and R.H. Wijffels: Milking of microalgae, *TRENDS Biotech.*, 22, 189-194 (2004).

28) 勝田知尚: 搾って作るアスタキサンチン, バイオミデイア, pp.529 (2005)

29) 秋葉征夫・佐藤　幹・高橋和昭・高橋洋子・古木明美・小梨　茂・西田浩志・垣川

博・早坂　豊・長尾秀則: 低カロチノイド飼料を給与した産卵鶏における高濃度のアスタキサンチンを含む赤色酵母（*Phaffia rhodozyma*）給与による卵黄着色, 家禽誌, 37, 77-85（2000）

30) 水谷友紀・坂田　修・星野　拓・本田佳子・山下美香・荒金久美・鈴木　正：カロテノイドの光老化予防効果と化粧品への応用, 日本香粧品学会, 29, 9-19（2005）

Ⅳ. 環境制御による魚介類の変色防止

10章　ガスバリア性材料を用いた環境制御包装による生鮮魚介の変色抑制

田中幹雄[*1]・綾木　毅[*1]・広瀬和彦[*2]

　近年，食品包装分野においては，酸素遮断性に優れたプラスチック材料（以下，ガスバリア性材料）が数多く開発され，真空包装やガス置換包装などの環境制御包装技術と組み合わせることによって，長期にわたる内容物の品質保持が可能になっている．とくに，ボイルやレトルト殺菌などが施された加工食品については，上記の包装技術が広く普及し，シェルフライフの延長による食糧資源の有効利用と流通の効率化が図られている．一方，生鮮魚介の品質保持は，衛生管理と低温貯蔵に頼る部分が大きく，包装面からのアプローチはあまり行われていないようである．これは，生鮮魚介は鮮度が重要であるため，コストの高い最新の包装技術を導入してさらに高度な品質保持と賞味期間の延長を図っても，商業的なメリットは少ないと考えられているからであろう．

　筆者らは，生鮮魚介分野でガスバリア性材料による包装の実用化を進めるにあたり，賞味期間を必要以上に延ばすことを目的とするのではなく，食用としての鮮度が保たれている間はそれに見合った商品価値を維持するという立場で臨むことが基本と捉えている．さらに，商業的価値を生み出すためには，流通の合理化や従来商品との差別化を図ることができ，ひいてはトータルコストの低減や売上げの向上につながることが重要である．

　例えば，ブリの刺身は，加工後12時間ほど経過すると，味や臭い，微生物学的には生食用としてまったく問題がないにもかかわらず，血合い肉が変色して商品価値が失われてしまう．このような場合，ガスバリア性材料を用いて窒素ガス置換包装を施し，包装体内の酸素濃度を0.01％程度に維持すれば，血

[*1] 株式会社クレハ加工商品研究所
[*2] 株式会社クレハ包装材事業部

合い肉の変色が抑制され，刺身として通用する鮮度を保持している間は商品価値を維持することができる．実際，発泡ポリスチレントレイの上部をガスバリア性の低いポリ塩化ビニル製フィルムでラッピングしただけでは12時間以内であったシェルフライフが，上記の窒素ガス置換包装によって36時間程度にまで延長された．このことによって期限切れ商品の廃棄ロスや商品のデリバリー回数を減らせるので，環境とコストの両面でメリットが期待できる．

　生鮮魚介分野におけるガスバリア性材料と環境制御包装技術の潜在需要はまだまだ大きいと思われる．ブリの刺身の場合もそうだが，筆者らは，生鮮魚介の商品価値にとくに大きな影響を与える品質として"色"に着目している．そして，ガスバリア性材料を用いた包装によって生鮮魚介の変色を抑制することに主眼をおいて実用的な観点から研究を進めてきた．本章では，それら研究例の中から，産業的にも重要な生鮮魚介であるマグロとホッコクアカエビへの変色抑制包装の応用事例を紹介する．

§1．マグロ肉の真空包装による変色抑制
1・1　背　景

　刺身用マグロの約80％は冷凍品として取引されている．しかし，解凍処理が難しく手間がかかることや，「生」の方が高級であるという消費者認識から，とくにクロマグロやミナミマグロといった高級マグロについては，生鮮（未凍結）で流通させたいという要望が強い．ただ，生鮮マグロは，いったん分割されて切断面が露出すると，氷蔵しても，空気中の酸素によって急速に酸化されミオグロビンのメト化による変色が生じてしまう．したがって，蓄養，天然を問わず，業務用の生鮮マグロは，GG（Gilled and gutted：魚体から鰓と内臓を除去した状態）での流通が主体となっている．筆者らは，この現状を踏まえ，マグロの水揚げ地において生鮮マグロを分割してから消費地に出荷する"分割流通"が確立できれば，業務用マグロの流通は大きく改善されると考えている．例えば，生産者や供給者サイドでは，頭や骨といった不要部位に関わる輸送コストの削減ができ，部位別に商品化することで顧客がより購入しやすくなるため販売チャンスが拡大する．この分割流通方式の実用化には生鮮マグロ肉の品質を保持する包装技術の確立が必須と考え，真空包装の応用を試みた．

1・2 包装材料の酸素ガス透過度が変色と脂質酸化に及ぼす影響

真空包装は，食品をプラスチック製の包装袋に入れて，その袋内圧力を当該食品の水蒸気圧，あるいはその近くの減圧下に密封する包装技法である[1]．包装材料の酸素ガス透過度が大きいと，包装後，時間の経過とともに大気中の酸素が包装袋内に侵入し，食品の酸化が進むため，十分な酸化防止効果を得るためにはガスバリア性材料を用いなければならない．そこで，生鮮マグロ肉の変色や脂質酸化を防止する上で許容される包装材料の酸素ガス透過度レベルを調べるために以下の実験[2]を行った．

漁獲後数日間氷蔵された生鮮クロマグロのドレスから背ロインを採取し，さらに赤身および背トロ部より，それぞれ5 cm×7 cm×3 cmの大きさの試料を調製した．その後速やかに，表10・1に示した酸素ガス透過度の異なるA〜Eの5種類の包装材料に試料を入れて真空包装を施した．

ここで，包装材料にとって非常に重要な特性である酸素ガス透過度について説明したい．酸素ガス透過度は，表10・1に示した単位が示すように，単位面積（1 m^2），単位時間（1日）および包装材料（フィルム）両面間の単位分圧差（1気圧）当たりの透過酸素の標準状態における体積（cm^3）で定義された数値である．単位の後に付属している温度と湿度は，酸素ガス透過度を測定したときの条件を表している．この測定温度と湿度条件は非常に重要な意味をもつ．なぜなら，プラスチック材料は，一般的に温度が高くなるほどガスの透過も大きくなり，また，材料の種類によっては，湿度条件によってもガスの透過挙動が大きく変動するからである．したがって，包装材料間で酸素ガス透過度を比較する場合には，測定時の温度と湿度条件が同じであることを必ず確認し

表10・1 供試包装材料の構成と酸素ガス透過度

	樹脂構成	厚さ (μm)	酸素ガス透過度 ($cm^3/m^2 \cdot d \cdot atm@0℃, dry$)
A	エチレン-酢酸ビニル共重合体／アイオノマー	55	650
B	ポリエチレン／ポリビニルアルコール／ポリエチレン	73	55
C	ナイロン／ポリエチレン	75	15
D	ポリエチレンテレフタレート／ナイロン／エチレン-ビニルアルコール共重合体／ポリエチレン	50	2.9
E	変性ポリアクリル酸コート樹脂／ポリエチレン	75	1.0

なければならない．

　表10・1に示した5種類の包装材料を用いて真空包装した試料について，0℃の冷蔵庫中で6日間の貯蔵を行い，赤身のメト化率と背トロ部から抽出した脂質の過酸化物価（PV）を測定した．図10・1に示したように，真空包装の場合，包装材料の酸素ガス透過度が小さいほどマグロ肉のメト化率やPVは低く抑えられ，また目視評価によれば，包装区A，BおよびCは，全体的または部分的な変色が生じていたのに対し，包装区DおよびEは，部分的な変色もなく開封後に良好な発色が認められた．

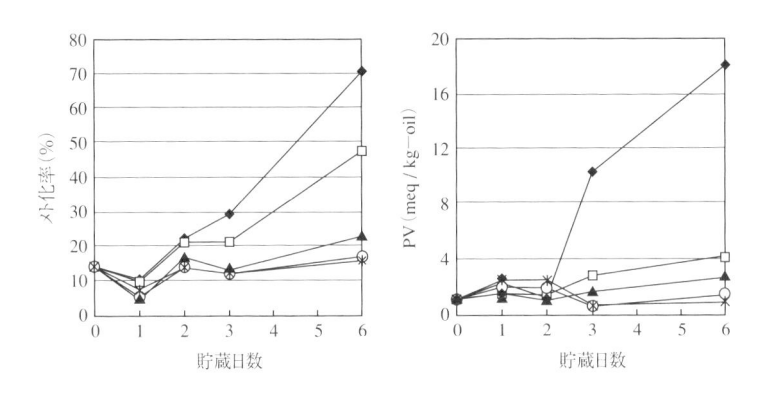

図10・1　酸素ガス透過度の異なる包装材料を用いて真空包装した生鮮クロマグロ肉を0℃で貯蔵したときの赤身のメト化率（左）と背トロ部から抽出した脂質のPV（右）の推移
包装材料の酸素ガス透過度（$cm^3/m^2 \cdot day \cdot atm$ @0℃, dry）：◆ 650，□ 55，▲ 15，○ 2.9，✳ 1.0

　以上の結果から，実用的に満足できる品質を達成するためには，0℃，dry条件における包装材料の酸素ガス透過度は3 $cm^3/m^2 \cdot d \cdot atm$ 以下であることが望ましいと判断した．

　ところで，凍結マグロ肉の場合は，真空包装する際，酸素ガス透過度の小さいアルミ箔袋を用いると，該透過度の大きいポリエチレン袋を用いた場合よりも変色が促進されたとの報告がある[3]．筆者らも，真空包装した凍結マグロ肉を−30℃で貯蔵した際に，包装材料の酸素ガス透過度が小さいと，かえってミオグロビンのメト化が促進されることを確認している[4]．対象マグロ肉が凍結品か生鮮品（未凍結品）であるかの違いで，真空包装用材料に要求される酸

素ガス透過度のレベルが全く異なるという事実は非常に興味深い．メカニズムの解明は今後の検討課題であるが，凍結品と生鮮品では，ミオグロビンの酸化耐性，自動酸化速度が最大となる酸素分圧，ミオグロビン還元酵素様活性などが異なり，それらの要因が包装材料に要求される酸素ガス透過度レベルの違いに影響しているのではないだろうか．

1・3　クロマグロの分割包装への応用[5]

生鮮マグロの真空包装用材料として，上記酸素ガス透過度の要求レベルと柔軟性および耐寒性を考慮し，(株)クレハ製クレハロンVS20を採用した．該包装材料は，ポリエチレンテレフタレート／ナイロン／エチレン-ビニルアルコール共重合体／ポリエチレン（シーラント）という4種類のプラスチック層からなるフィルムである．物性値を表10・2に示したが，食品の真空包装に多用されているナイロンポリ（総厚み 75 μm）と比較すると，クレハロン VS20 は総厚みがおよそ半分である．その薄さにもかかわらず，酸素ガス透過度が低く，また，突刺し強度と衝撃エネルギーが大きいので耐ピンホール性にも優れている．

筆者らは，近畿大学水産研究所より提供された養成クロマグロを用いて小規模の分割包装試験を実施した．図10・2（カラー口絵）に沿って，工程と留意

表10・2　クレハロンVS-20とナイロン／ポリエチレン積層フィルムの物性比較

項目	測定条件	クレハロン VS-20	ナイロンポリ
樹脂構成		ポリエチレンテレフタレート／ナイロン／エチレン-ビニルアルコール共重合体／ポリエチレン	ナイロン／ポリエチレン
総厚み（μm）		40	75（ナイロンの厚み：15 μm）
酸素ガス透過度（$cm^3/m^2 \cdot day \cdot atm$）	30℃, 80%RH 0℃, dry −20℃, dry	47 2.2 0.4	117 24 5
突刺し強度[*1]（kg）	−10℃	1.53	1.17
衝撃エネルギー[*2]（J）	−10℃	0.93	0.76

[*1] 固定したフィルム面に対して垂直に，先端半径0.5 mmの針を50 mm/分の速度で突刺し，針が貫通するまでに要した荷重の最大値を示す．

[*2] 直径3.8 cmのサポートリングに固定したフィルム面に対して垂直に，先端径1.27 cm，重量4 kgの錘を2 m/秒の速度で落下させたとき，フィルムの破断に要したエネルギーを表す．

点を説明すると，まず，生簀から水揚げされたクロマグロを鮮度低下防止のために即殺し，鰓と内臓を除去後，氷水中で一晩冷却する（①～③）．冷却を完了したマグロを清水でよく洗浄した後，四つ割（ロイン分割）にし，さらに所定の大きさのブロックに分割する（④～⑦）．実用化の際には，細菌汚染はこの分割工程において最も生じやすいので，作業者の衛生管理に加えて，包丁やまな板はこまめに殺菌して使用する必要がある．分割したブロックを速やかにクレハロンVS20包装袋に収容した後，真空包装すれば製品となる（⑧～⑨）．なお，真空包装を施すと袋内が減圧されてマグロ肉から肉汁が浸出するので，不織布のような吸水材料をブロックに添付した方が外観のよい製品となる．また，前述のナイロン／ポリエチレン積層フィルムのようにクレハロンVS20よりも厚くて硬い包材を用いて真空包装すると，ブロック肉表面にフィルムの接触跡が残ったり，フィルムの折り目に沿って肉汁が走りやすくなるなど，製品品質や外観を損なうことがわかっている．真空包装した製品はそのまま氷とともにコンテナに収容され出荷される．一連の包装工程に準じた分割包装システムは，地中海やオーストラリアの蓄養マグロにおいてすでに実用化されており，製品の受入れ先である量販店やスーパーから好評を博している．

§2．ホッコクアカエビのガス置換包装による変色抑制

2・1 背景

エビやカニなどの甲殻類は，酸素存在下において酵素反応により黒変が生じ，商品価値が失われる．黒変は，甲殻類に含まれるチロシンなどのフェノール化合物がフェノール酸化酵素によってキノン体へと酸化され，さらに重合してメラニン様黒変物質を生成することが原因であると考えられている．現状では，黒変を防止するために，亜硫酸ナトリウムなどの酸化防止剤が添加されているが，酸化防止剤の添加量を規制値内（100 ppm以下）に収めるための制御が難しいことや，昨今の合成添加物不使用への流れに逆行するといった問題がある．そこで，酸化防止剤を使用することなく甲殻類の黒変を抑制することを目的として，ガス置換包装の応用を試みた．

2・2・ガス置換包装の概要

一般に，ガス置換包装とは，内容物の酸化や微生物の発育を抑えるために，

包装体内の空気を窒素や炭酸ガスなどの不活性ガスによって置換し密封する包装技法のことを指している．ガスパック，MAP（Modified Atmosphere Packaging）とも呼ばれている．小売店でよく見かける削り節の包装は，その典型的な例であり，主に窒素によって置換されている．また，不活性ガスを使用しない場合もある．欧米で広く普及している牛肉のガス置換包装は，酸素／炭酸ガス＝80％／20％という組成の混合ガスで置換されており，酸素によるミオグロビンのオキシ化促進と，炭酸ガスによる微生物の発育抑制が図られている．

ガス置換包装を行う手段としては，フラッシュ方式と置換方式の2通りがあり，前者は所定のガスを包装体内に吹き込みながら密封する方式，後者は包装体内を十分脱気してから所定のガスを吹き込む方式である．置換方式の方が，より確実な置換が可能なので，ごく微量の酸素によって酸化変色するスライスハムなどの食品においては必須の方法となっている．包装形態としては，トレイに食品を入れ，そのまま袋状の包装材料に収めて密封した形態（トレイinパウチ包装）や，トレイの上部にフィルムを被せて密封した形態（トレイパック）がある．商業的には，トレイパックの一種で，シートをトレイ状に熱成形しながらその中に食品を入れ連続的に密封包装する深絞り包装が普及している．

2・3 酸素の排除による変色抑制

ホッコクアカエビの黒変は酸化によって生じるため，黒変の抑制には酸素の排除が有効である．酸素を排除するための最もシンプルな方法は真空包装であるが，包装時に内容物が圧迫されるため，変形やドリップの流出が促進されるほか，エビの殻や棘によって包装材料にピンホールが生じ密封性が損なわれる問題があり適用は難しい．そこで，包装体内にヘッドスペースを有し，内容物の圧迫や包材の損傷が比較的生じにくいガス置換包装や脱酸素剤封入包装が有効な手段となる．脱酸素剤封入包装は，主に鉄の酸化反応によって酸素を吸収する脱酸素剤を食品とともに密封する包装技法であり，カステラなどの菓子類の包装に多用されている．いずれの包装方法を用いるにせよ，実用的には，製品の保管スペースや輸送効率の点から，ヘッドスペースをできるだけ小さくしてコンパクトな包装体としなければならない制約がある．したがって，真空包装ほどではないにせよ，エビの殻や棘と包装材料の接触機会も多くなり，包装

材料に対しては，酸素ガスバリア性のほかに耐ピンホール性が要求される．

筆者らは，酸化防止剤無添加のホッコクアカエビを用いて，前述のクレハロンVS20による窒素置換包装を試みたところ，ピンホールのない良好なトレイinパウチ形態の包装体が得られた．また，該包装体を－20℃で3日間貯蔵した後，5℃で1日間解凍したところ，図10・3（カラー口絵）に示したように，非窒素置換区ではかなりの黒変が認められたが，窒素置換区ではまったく黒変は認められなかった[*3]．

また，クレハロンVS20と脱酸素剤（三菱ガス化学（株）製エージレス）の組み合わせにより，軽度の脱気と脱酸素剤封入の併用包装を行ったところ，酸素吸収容量の低いタイプでも十分な黒変抑制効果が認められ，製品のコンパクト化と脱酸素剤のコスト節減に有効であることを確認した[*4]．

2・4　炭酸ガス置換包装による変色防止

筆者ら[*4]は，クレハロンVS20を用いたホッコクアカエビのガス置換包装実験を繰り返し行う中で，窒素置換の場合は酸素が少量混在すると空気中と同様の黒変が生じるのに対し，炭酸ガス置換を行った場合には，ほとんど黒変が起こらないことを見出した．その後の検討により，ヘッドスペース中の炭酸ガス濃度が概ね30％以上であれば酸素が混在しても黒変が軽減され，さらに炭酸ガス濃度が75％以上に達すれば酸素を排除した場合にほぼ匹敵する黒変抑制効果が発現することを確認した．この炭酸ガスによる黒変抑制効果は，フェノール酸化酵素の活性阻害によって発現していると推測されるが，詳細については5章に譲りたい．

ところで，酸化劣化を抑制するためのガス置換包装を行うにあたっては，包装体内の空気を不活性ガスで十分に置換しなければならないため，高性能で高価なガス置換包装機が必須である．しかし，ホッコクアカエビの炭酸ガス置換包装は，置換が不十分で酸素が残存していても黒変抑制が期待できるため，フラッシュ方式の安価な包装機でも実現可能である．さらに簡易的な手段として，

[*3] 綾木　毅・田中幹雄・広瀬和彦・菅原達也・平田　孝：甲殻類の包装技術開発（2），日本包装学会第16回年次大会研究発表会予稿集，日本包装学会，2007，pp.4-5．

[*4] 綾木　毅・田中幹雄・広瀬和彦・菅原達也・平田　孝：甲殻類の包装技術開発，日本包装学会第14回年次大会研究発表会予稿集，日本包装学会，2005，3 pp．

昇華後の体積がヘッドスペース容積に合致する量のドライアイス片を用意し，ホッコクアカエビとともに脱気包装することによっても，最終的にはガス置換包装を施したものと同様の包装体を得ることができる．このように，本包装技術は初期設備投資を低く抑えることができるため，比較的小規模の事業者でも容易に実施することが可能である．ピンホール防止と炭酸ガス濃度維持のために耐ピンホール性に優れた酸素バリア性材料を用いなければならないという資材面でのコスト負担は避けられないが，酸化防止剤無添加による商品イメージと付加価値の向上を考えれば，実用化のメリットは大きいと考えられる．

　以上の研究成果については，現在，多くの水産関係者から高い評価をえており，いくつかの生鮮魚介用途での実用化が検討されている．筆者らも，現状に満足することなく，ガスバリア材料のさらなる機能向上と環境制御包装技術との組み合わせによる用途開発を今後も積極的に進める予定である．

文　献

1) 芝崎　勲・横山理雄：新版食品包装講座，日報出版，1999，238pp．
2) M. Tanaka, T. Ayaki, H. Kamata, and K. Hirose : Distribution Improvement of Fresh Tuna by Changing from "Traditional Round" to Vacuum-packed Cuts, WORLDPAK 2002, Vol.1, CRC Press, 2002, pp.855-864.
3) 小泉千秋：マグロの利用・加工，マグロの生産から消費まで（小野征一郎編），成山堂，1998，pp.202-203．
4) 田中幹雄・清水　謙・半澤良一：水産加工品の凍結工程におけるニューロ制御技術の開発，食品産業における電子利用技術の展開，食品産業電子利用技術研究組合，2001，pp.138-139．
5) 田中幹雄：酸素バリア性包材によるマグロの分割包装技術，PACKPIA，(5)，13-15 (2005)．

索　引

〈あ行〉

アスタキサンチン　70, 104
亜硫酸塩　60
イコサペンタエン酸　12
一重項酸素　12, 81
一酸化炭素　23
エビ類　58

〈か行〉

ガス置換包装　121
ガスバリア性材料　116
褐変抑制　22
カロテノイド　81, 93, 103
ガン　92
環境制御包装　117
カンタキサンチン　105
キサントフィル　87
キネシン　72
クチクラ　66
グルタチオン　61
クルマエビ　58
血管新生　92
血管内皮増殖因子　94
抗炎症作用　15
甲殻類　58, 121
抗酸化性　14
抗酸化物質　81
黒変　70
黒変の防止　66
コレステロール　85

〈さ行〉

細胞外マトリックス　94
酸素ガス透過度　118
紫外線　73
色素胞　71
脂質酸化　24
システイン　44, 61
5, 6-ジヒドロキシインドール（DHI）　45

5, 6-ジヒドロキシインドール-2-カルボン酸
　　　　（DHICA）　45
小腸上皮細胞　85
食品包装　116
シワ発生　92
真空包装　117
スカベンジャーレセプター　85
線維芽細胞増殖因子　94

〈た行〉

ダイニン　72
チトクロムb_5　33
チューブリン　72
腸管吸収　81
チロシナーゼ関連タンパク質-2　45
チロシン　59
天日干し　12
糖尿病性網膜症　92
ドーパ　43
ドーパキノン　43
DOPA クロム　64

〈な行〉

二酸化炭素　67
海苔　9

〈は行〉

光増感作用　12
微細藻類　103
ヒト臍帯静脈由来血管内皮細胞　98
フィコエリスリン　10
フィコエリスロビリン　12
フィコビリタンパク質　9
フェオメラニン　41, 73
フェノールオキシダーゼ　58
フコキサンチン　93, 97, 104
プラスチック材料　116
β-カロテン　82, 105
ヘムタンパク質　19

ヘモシアニン　61
ホッコクアカエビ　121

〈ま行〉
マウス胚性幹（ES）細胞　98
マグロ　19, 117
マダイ　70
ミオグロビン　19, 32
ミセル　83
メト型　20
メトミオグロビン　32
メトミオグロビン還元酵素　32
メラニン　58, 71, 121

メラニン色素　41
メラノサイト　42

〈や行〉
ヤケ肉　22
ユーメラニン　41, 73

〈ら行〉
ラジカル捕捉活性　81
ラット動脈片　98
ラビリンチュラ　103, 106
リン脂質　83
ルテイン　105

本書の基礎になったシンポジウム

平成19年度水産学会春季大会シンポジウム
「水圏生物の色素 ― 嗜好性と機能性 ―」
企画責任者　平田　孝（京大院農）・広瀬和彦（クレハ）

開会の挨拶		平田　孝（京大院農）
Ⅰ．テトラピロール色素タンパク質の化学と機能	座長	足立亨介（日水中研）
1．フィコビリタンパク質の機能		菅原達也（京大院農）
2．魚類ミオグロビンの構造安定性		落合芳博（東大院農）
3．肉色に及ぼす酵素の影響		有原圭三（北里大獣医）
Ⅱ．メラニン色素の生成と生成防止	座長	落合芳博（東大院農）
1．メラニン色素の化学 ― 最近の進歩 ―		伊藤祥輔（藤田保衛大）
2．甲殻類のメラニン生成と品質		平田　孝（京大院農）
3．天然，養殖タイのメラニンの特性と品質		足立亨介（日水中研）
4．微環境制御による甲殻類その他の黒変防止		広瀬和彦（クレハ）
Ⅲ．カロテノイド色素の生産と機能	座長	菅原達也（京大院農）
1．カロテノイドの消化吸収と多様な機能		長尾昭彦（食品総研）
2．カロテノイドと血管新生		松原主典（岡山県大）
3．カロテノイドの生産と利用		山岡到保（産総研）
Ⅳ．総合討論	座長	平田　孝（京大院農）
閉会の挨拶		広瀬和彦（クレハ）

出版委員

稲田博史　落合芳博　金庭正樹　木村郁夫
櫻本和美　左子芳彦　佐野光彦　瀬川　進
田川正朋　埜澤尚範　深見公雄

水産学シリーズ〔158〕　　　　定価はカバーに表示

水産物の色素－嗜好性と機能性
Pigments of marine products
–palatability and functionality–

平成 20 年 3 月 10 日発行

編　者　　平田　孝
　　　　　菅原　達也

監　修　社団法人　日本水産学会

〒108-8477　東京都港区港南　4-5-7
東京海洋大学内

発行所　〒160-0008
東京都新宿区三栄町8
Tel 03 (3359) 7371
Fax 03 (3359) 7375
株式会社　恒星社厚生閣

© 日本水産学会, 2008．印刷・製本　シナノ

好評発売中

水産学シリーズ155
微生物の利用と制御
―食の安全から環境保全まで

藤井建夫・杉田治男・左子芳彦 編
A5判・146頁・定価2,730円

微生物を利用した世界は今日大きく広がっている。食品分野はもちろん，赤潮対策，魚病対策などでは薬の散布にかわる微生物利用によるより安全な対策が，さらに次世代エネルギーとされる水素生産への微生物利用など，微生物利用の最前線を紹介する。

水産学シリーズ154
音響資源調査の新技術
―計量ソナー研究の現状と展望

飯田浩二・古澤昌彦・稲田博史 編
A5判・138頁・定価2,940円

水中を広範囲かつ高速で探査できる高性能のスキャニングソナーが次々と開発されている。本書は水産資源調査，漁況予報，環境影響評価など多方面で応用されるスキャニングソナーの原理から操作法，実際の探査活動に即した技術的問題などを簡潔に纏める。

水産学シリーズ153
貝毒研究の最先端
―現状と展望

今井一郎・福代康夫・広石伸互 編
A5判・150頁・2,835円

貝毒の発生水域は世界的に拡大傾向にあり，日本では潮干狩りを中止する地域もある。本書は，毒化軽減や毒化を予知する方法の研究など貝毒発生のメカニズムとその予防の最新研究を纏める。研究者，学生，環境保全・養殖業に携わる人々のよき参考書。

水産学シリーズ152
テレメトリー
―水生動物の行動と漁具の運動解析

山本勝太郎・山根 猛・光永 靖 編
A5判・126頁・定価2,625円

海に棲む動物の生態を把握する上で欠かせないテレメトリー。今日では，水産資源の減少という事態をうけ漁獲圧力の把握や人間が観測し得ない海洋状況の把握にも活用される。こうした種々の分野でのテレメトリー活用の最新情報。

水産学シリーズ151
海洋深層水の多面的利用
―養殖・環境修復・食品利用

伊藤慶明・高橋正征・深見公雄 編
A5判・162頁・定価2,940円

循環再生可能な新たな資源の活用が急務とされる今日，エネルギー源として，また鉱物・栄養塩類など多様な資源供給力をもつ海洋深層水が注目される。本書は科学的データを基礎にその特性と各分野での利用と研究の最前線を紹介する。

定価は消費税5％を含む

恒星社厚生閣